馬はなぜ走るのか

やさしいサラブレッド学

辻谷秋人

Tsujiya Akihito

三賢社

馬はなぜ走るのか

やさしいサラブレッド学◆目次

馬はなぜ走るのか

やさしいサラブレッド学

本と競馬を愛した高橋紘一さんへ

装丁：西　俊章

カバー写真：2016年メリングチェイス(英GI)。エイントリー競馬場 ©ロイター／アフロ

はじめに

馬ってすごい、と思ったのは、初めて馬に乗ったときのことだった。

馬に乗ったといっても本格的な乗馬ではなく、ホーストレッキングである。ニュージーランドに旅行したときに観光客向けのコースに参加したのだが、参加者は全員日本人で、しかも馬に触ったことなんて一度もない人がほとんどだった。まったくの観光地のアトラクションだったのである。

出発前に「歩け」「曲がれ」「止まれ」の合図と、坂を上り下りするときの重心の置き方など、ごくごく簡単なレクチャーを5分ほど受けるだけという、超初心者相手にそれで大丈夫なのかと思うようなコースだったのだが、内容は山を登り林を抜け、みっちり3時間歩くという、たいへん充実したものだった。

馬の背中は思いのほか高く、そこからの眺めはまったく世界が変わったように見えた。馬の動きにあわせた体の揺れも心地よく、それはそれは気持ちのよいものだった。これで私はホーストレッキングにはまり、それ以降は日本国内でも旅行先にホーストレッキングができる場所があれば、必ず行って乗るようになった。

さて、そのニュージーランドのホーストレッキングだが、超初心者の観光客たちがなんの苦労もせず、無条件に楽しむことができたのは、馬たちがひじょうによく訓練されていたからにほかならない。私たちはただ手綱《たづな》を握って景色と馬の歩くリズムを楽しんでいただけで、ほとんど何もする必要がなかったのだ。

最後に山を下りて出発地点に戻ってきたときも、馬たちはちゃんと決まった場所に止まって、彼らの客を背中から降ろした。が、私が乗った馬だけは何を思ったのか、そこをそのまま通り過ぎてしまった。私はすかさず出発前に教わったように手綱を引いて馬を止めるべきだったのだが、なぜか何となくそのまま乗り続けたのだ。

私の馬が向かったのは、通常の下馬地点から30メートルほど離れた、馬たちが仕事前に待機している場所だった。そこには1頭ずつ入ることのできる区切られたスペースがあり、中にはおやつ（ご褒美）の干し草がセットされていた。私の馬はまっすぐ自分用のスペースに入り、そのままおやつを食べ始めてしまったのだ。

そのスペースは本当に馬が1頭入る分しかなく、右側にも左側にも私が降りるだけの隙間はなかった。さて、どうしたものかと困っていると、ふと何かに気がついたように、私の馬が後ろを振り向いた。

このときの馬の表情は、いまでも昨日のことのように思い出すことができる。なんだ、まだ乗っていやがったのかという顔を、私の馬はしたのである。

そして彼は後ずさりをして待機用スペースの外に出ると、そこで立ち止まった。ほら、降りろ、と言っているのだ。待機用スペースの中では降りる場所がないことを、彼は知っていたのである。そこでわざわざ外に出てくれた。外に出れば降りられるのだから、あとは勝手にしろというわけだ。

私は彼の背中から降り、「ありがとう」(トレッキングに連れていってくれてありがとうという気持ちでもあり、降り損なっていたことに気がついてくれてありがとうでもある)の意味で首筋をとんとんと叩いた。すると彼は面倒くさそうにブンと鼻を鳴らすと(これは嘘)、自分の場所に戻っておやつの続きを食べ始めたのである。

そのとき、馬ってすごい、と私は思った。

その後私は、競馬雑誌に原稿を書かせてもらうようになった。とくに日本中央競馬会(以下JRA)が発行している月刊誌『優駿』では、レースレポートや牧場訪問や名馬物語のような読み物を書くかたわらで、馬学のページを長年にわたって担当させてもらった。馬学というのは聞き慣れない言葉かもしれないが、馬の進化や行動や運動生理や臨床医学や、とにかく馬に関係することはなんでもありの学問(?)である。私はこの仕事で多くの研究者や獣医師に会い、たくさんの興味深い話を聞いた。

また、以前東京と大阪にあったプラザエクウスというＪＲＡの広報施設では、定期的に「馬学講座」が開催されていたのだが、その手伝いもさせてもらっていた。こちらの仕事は、ある意味で『優駿』よりも濃密で面白かった。ちょっと難しい馬学の話を聞こうとわざわざ足を運んでくれる競馬ファンが相手なので、話に遠慮がないのである。

この講座では講義のあとに質疑応答のコーナーが設けられていて、お客さんが講師に質問することができた。あるとき、ひとりの年配の女性が手を挙げたのだが、その質問がかなり専門的なものだった。私はそのとき会場のいちばん後ろに立っていて、女性の顔を見ることはできなかったのだが、世の中にはずいぶん馬に詳しい、すごい人がいるんだなあと感心しながら見ていた。

その女性と講師（確かそのときはＪＲＡ競走馬総合研究所の甲斐眞さんが担当されていたと思う）の質疑応答が終わって講座がお開きになると、甲斐さんは控え室に戻らず、その女性の元に向かった。そして、その女性に挨拶をした。

その人は、増井光子さんだった。上野動物園やよこはま動物園ズーラシアの園長を歴任し、馬術競技の選手でもあったという獣医業界（？）では特別な存在である。おそらく甲斐さんは講義中のどこかで、増井さんの存在に気づいたのだろう。そしてそのときから、指導教官の前で研究発表をする学生のように、ずっと緊張しながら話をしていたことだろう。甲斐さんはまさか増井さんが来られるなんて思いもしなかっただろうから、気の毒と言えば気の毒な話なのだが、増井さんのような人が一般のファンに混じって普通に見にきてしまうような講座だったのだ。面白くないわけがないのである。

どうしたわけか私は、馬学関係のほかにもＪＲＡ全10場の馬場を巡ったり、育成の歴史を追いかけたり、スターティングゲートの仕組みを学んだり、あるいは1週間べったり厩舎に張りついたりと、あまりほかの書き手がしないようなことを多くしていた。そして、そんなちょっと変わった仕事をする中で、馬という動物について、そして競馬というもののあり方について、私なりにいろいろ考えることになった。

ニュージーランドでの、あの1頭の馬との出会いからは20年以上が過ぎたのだけれど、私はいまでも「馬ってすごい」と思っている。あのときより、私の馬に関する知識は格段に増えているが、それでもなお、というよりそれだからこそ、より「馬ってすごい」と思うようになっている。

ただ、あのころとは少し考えが変わったところもある。あのころ私は「馬ってすごい。競馬も結局は馬が『走ってくれる』ものなんだな」と思っていた。

しかしいまは、馬ってすごい。競馬で走ってくれる馬はすごい。そして、馬に走ってもらえている人間も結構すごい、と思っている。

そこで「馬が走ること」に焦点をあてて、競馬のこと、馬のことを知りたいと思っている人に「馬が走ることのすごさ」が伝えられるようなものをと考えて、書き始めたのがこの本である。

そのすごさが、少しでもこの本を読んでくれる人に伝えられることを願っている。

第一章

馬はなぜ走るのか

馬は好きで走っているのか

何年か前のことになるが、テレビの深夜バラエティ番組で競馬が取り上げられたことがあった。その番組は毎回決まったテーマについて何人かのお笑い芸人がトークを繰り広げるもので、「競馬芸人」と題されたその回では、競馬好きの芸人があまり競馬を知らない人たちに向けて競馬の魅力を語るという体裁になっていた。

その番組で披露されたエピソードのひとつに、

「競走馬はレースに勝つために、横を走っている馬に噛《か》みついたりすることがある」

というものがあった。それだけ競走馬というのは闘争心の塊《かたまり》であり、勝負に対する執着が強いものなのだ、すごいよね、という趣旨の話である。

このエピソードが紹介されたのは、競馬を知らない人代表として出演していた女性ゲストの「馬は走るのが好きで走っているのか、それとも鞭で叩かれるのが嫌だから走っているのか」

という質問がきっかけだった。

それに対して競馬芸人の面々は「馬は当然、レースを走りたくて走っている」と答えた。

「その証拠に……」と持ち出されたのが「噛みつく馬」の話である。隣を走る馬の邪魔をしてまで勝とうとしているのだから、当然自分が走りたいと思っているのだ。別に人に強制されているのではなく、まして鞭で叩かれるのが嫌だから走っているのではない、というわけだ。

しかし、この女性ゲストの「馬は好きでレースを走っているのか」という疑問は、とても鋭い。競馬のことを知らないからこそ出てきた疑問なのだろう。おそらく競馬が好きな人はあまり考えることもないだろうと思う。競馬ファンにとって、馬が好きで走っているのはあまりに自明のことなのだ。だいたい「馬は走るために生まれてきた」と言われているじゃないか。

しかし、である。走るために生まれてきたことは、そのまま走るのが好きなことを意味しない。走るために生まれてきた人が、もし走ること自体も好きなのであれば、それはとても幸せなことだろう。が、なかなかそううまくはいかないのが世の中というものだ。私自身もたぶん何らかの仕事をするために生まれてきたのだと思うが、仕事をするのが好きではない。仕事というのは好きとか嫌いとかに関係なく、しなければならないと思っているからしているに過ぎない。サラブレッドも私と同じである可能性がないとは言えないだろう。好きではないけど、走ることになっているから走っているのかもしれないのだ。

さらに言えば、この女性タレントの疑問を「馬は走るのが好きなのか」と言い換えてしまうと、結論を間違えることになる。ここで「好きかどうか」を問われているのは、放牧地を駆け回ったり、仲間同士で追いかけっこをするときの「走り」ではなく、競馬場で大勢の馬を相手に体力の限りを使って走ることだ。そういう限定的な状況における、ある意味で特殊な走り方が好きなのかどうか。

すでにその女性タレントはその答えに興味はなく、それどころか自分がそんな発言をしたことすら覚えていないだろうが、ちょっとその答えを探ってみたいと思う。

馬が必死に走るとき

競馬で走っているときのサラブレッドは、それはもう全力で走っている。ゴール後、向こう流しからスタンド前に戻ってくるときに、ほとんど脚が上がらなくなっている馬を見れば、そのことはよくわかる。

一方、競馬以外の状況で馬が全力で走るのはどんなときかと言えば、それは野生の状態で捕食者、つまり肉食動物から逃げるときだろう。このシチュエーションは文字どおり命がけのものであって、馬たちにとってまったく歓迎できるものではない。このときに限っては走ることが好きか嫌いかなどと呑気なことは言っていられない。とにかく走って逃げなければならないのだ。だから、競馬以外の場面で全力で走らなければならない状況は、馬にとっては嬉しくない、できればそんな状況に陥りたくないことであると言えるだろう。

その、できれば陥りたくない状況になってしまったときのことを考えてみる。

馬はもともと群れで行動する動物だが、群れをなす動物が捕食者から襲われたときは、やはり群れで逃げる。それぞれが勝手な方向に逃げ出したりはしないのだ。

小魚の群れにサメなどの大型魚が突っ込んでいく映像を見ても、小魚たちは蜘蛛の子を散らすように別々の方向に逃げてしまうことはない。逃げるときも群れをなしながら逃げる。捕食魚が群れの中に入り、その周囲だけ小魚がいない、ドーナツのような形になっていることもある。どうやったらそうした統率の取れた逃げ方ができるのか不思議だが、彼らはそうやって逃げるのだ。

群れで逃げることで補食対象（自分たちのことだ）を大きく、あるいは数多く見せて戦意を削ぐ、注意を分散して攻撃対象を絞らせないようにする、あるいはもし群れの一部が捕まってしまってもほかの個体は逃げ切れるようにする、といった理由からだとされる。1頭ずつ、1匹ずつ逃げるより生存率は高くなるらしい。

しかし捕食者の側もそのあたりのことは承知しているから、群れの中から何とか1頭だけを引き離そうとする。捕食者側も群れで狩りをすることが多いから、追い立てるもの、先回りをするものといったように役割を分担しながら、離脱する個体を作り出そうとする。このとき狙いやすいのはいちばん弱い個体だから、いきおい子どもが狙われることが多くなる。そして、脱落者を作り出すことに成功すると、捕食者たちはいっせいに不幸な個体に襲いかかるという寸法だ。

これを立場を被食者側に換えて言うと、生き延びるためにはまず群れから脱落しないことが重要になる。脱落しないために有利な位置はどこかとなると、それは当然、群れの中央部ということになる。子どもを含んだ群れが、子どもたちを群れの中央部において周囲を大人で囲むのは、弱い個体である子どもたちを守るためだ。逆に言うなら、最前方や最後方、左右両端にいる馬は、群れから離脱させる候補として狙われる可能性が高いことになる。

つまり、群れの先頭は必ずしも安全な位置とは言えない。先頭を走るのはできれば避けた方がいいと考えられるわけだ。

もちろん馬にとっては命のかかった必死の逃走であり、またそのときの彼らは半ば恐慌状態に陥ってもいるだろうから、どこに位置取るのが有利かなどと冷静に考えてはいないかもしれない。しかし、かといって他馬を押しのけてまで先頭に立とうとするだろうかと考えると、それはかなり怪しい。そこは危ないということを、彼らは知っているはずなのだ。

続けて、不幸にして群れから脱落してしまった馬について検討してみよう。

群れから離脱して捕食者のターゲットとなった馬にとって、必要な走能力とはどんなものだろうか。

それは「捕食者から逃げ切れるだけのスピード」であり、また「捕食者が追跡を諦めてくれるだけの時間、走り続けられるスタミナ」だ。これらの能力を身につけていて、さらに逃げているとき石に躓《つまず》いたり、行く手を川に遮られたりといったことがなければ（要するに運がよければ）、彼は生き延びることができるだろう。

つまり馬にとって、自分がより速く走らなければならない相手は「捕食者」なのである。捕食者より少し速く、捕食者より少し長い時間走れることが重要なのであって、走る能力を競う相手は「一緒に逃げている仲間の馬」ではない。そもそも脱落してしまった段階で「一緒に逃げている仲間の馬」はいないのだ。もはやその存在を想定する必要すらないのである。

となると、馬にとって「群れの中で、馬同士の中でいちばん速く走る」ことに大した意味はない、と考えるのが妥当に思える。一緒に逃げている馬の中でいちばん速くても捕食者より遅ければ意味がないし、逆に群れの中でいちばん遅くても捕食者より速ければ問題ない。

捕食者から逃げているとき、群れの誰よりも速く、先頭を切って走ることに、いったいどれほどの意味があるだろう。先頭を走ることに格段の利益があるわけではない。むしろ先頭に出てしまったら、先回りした捕食者、待ち伏せしていた捕食者の、格好のターゲットになりかねない。

馬が全力で走らなければならないとき、ほかの馬の前に出ることは、不利益になりこそすれ利益になることはないのである。

隣の馬に噛みつく理由

しかし、実際にレース中の競走馬が隣を走る馬に対して噛みつくような動作を見せることがないわけではない。これをどう解釈すればいいのだろう。やはり、隣の馬が自分の前に出ることを嫌がって、自分が先頭を走りたいためにやっていることなのだろうか。

元JRA競走馬総合研究所の研究者で馬博士として知られる楠瀬良《くすのせりょう》氏は、この「噛みつき」は社会的な順位づけ行動だと指摘している。

すでに述べたように、馬は群れで行動する、つまり社会を形成する動物であって、群れの中ではそれぞれの馬に社会的順位がつけられる。この社会的順位は個体同士の争いによって決まる。つまりAという個体とBという個体が争ってAが勝ったら、そこに「A＞B」という関係ができる。次にAとCが争ってAが勝てば「A＞C」という関係ができ、BとCの関係が「B＞C」であれば、「A＞B＞C」という序列が成立するわけだ。

この順位づけは噛みついたり蹴ったりという、平たくいってしまえば喧嘩で決まるもので、レースの着順は関係ない。競走馬になる前の若馬の群れでも序列ができることで、それは明らかだ。走る速さも関係ない。走るのは負けた方が逃げるときだ。

この「噛みつく馬」は、レース中に隣の馬に対して順位づけの喧嘩を挑んだわけである。初めて顔を合わせた馬で順位づけが終わっていなかったのか、あるいは一度決まった順位をひっくり返そうとリベンジマッチを仕掛けたのかはわからないが、とにかく本来レース中にすることではない行動を始めてしまったということになる。

隣の馬に噛みつくという行動そのものが走ることに集中していない証拠で、彼の競走能力を遺憾なく発揮するという意味では、まったくもって好ましいことではない。と言うより、このとき彼の頭の中には、おそらくレースをしているという意識さえなかっただろう。

そうであるなら、レース中に馬が横の馬に噛みつくのは、やはり「レースに勝つため」ではなかったと考えられる。

もうひとつ、噛みつく馬と似た例を挙げてみよう。

競走馬の育成段階で、牧場で行われるトレーニングに「追い運動」というものがある。いまはほとんど行われなくなったが、日本の狭い牧場の中で馬たちの運動量を確保することを目的に、まだ人を乗せていない若馬の集団を車などで追い立てて走らせる運動だ。

この追い運動時に、決まって先頭を走る馬がいる、と言われていた。そしてこれも、その馬の「負けん気」だとか「闘争心」の現れであるという言い方が、しばしばなされていたのだ。大レースに勝った馬の生産牧場が、牧場時代のエピソードを求められて「追い運動のときも先頭を走らないと気がすまない馬でした」などというコメントを出し、それが雑誌や新聞で紹介されるのだ。ほかの馬に負けるのが嫌いな性格だったから、大きなレースにも勝てたのでしょう、というわけだ。

これについても「負けん気」や「闘争心」より、もう少し説得力のある理由が考えられる。それは、

「その馬は『先頭に立ちたい』のではなく『自分の前にほかの馬がいるのが嫌』なのだ」

というものだ。

自分の前にほかの馬がいるのが嫌なのは、負けん気や自尊心からではない。むしろ正反対の理由で、自分の前に他馬がいるのが「怖い」のだ。前を走る馬の後肢に蹴られそうで怖い、前の馬が跳ね上げ、自分に向かって飛んでくる泥や土の塊が怖いのである。それらから逃れるには、他馬の脚や土がこないところ、つまり他馬より前に出るしかない。その前にほかの馬がいたら、さらに前に出なければならない。で、最終的には先頭を走るしかないということになる。

馬はとても臆病で、小心な動物である。なぜなら、臆病でなければ生き延びることができないからだ。彼らは常に近くに敵（捕食者）かいないか、周囲に気を配っている。馬の視野が約350度とひじょうに広く、自分の真後ろ近くまで見ることができるのも、両方の耳を独立して前後左右に動かすことができるのも、わずかな危険の兆候も見逃さないためだ。そして、ちょっとした物音や空気の動きにも敏感に反応する。そして逃げる。そうやって、彼らは生き延

びてきた。

この「馬は逃げる動物である」ことは、今後も本書の中で何度か出てくることと思う。馬という動物を理解する上での最大のキーワードがこれだからだ。

自分の前に馬がいるのを怖がる臆病さは、馬にとって決してネガティブなことではない。むしろ彼らが生き延びるために獲得した能力のひとつであるとさえ言えるだろう。

しかし、とは言ったものの、もしかすると、馬によっては負けん気や闘争心の現れであるケースもあるかもしれない。馬にも個性があるし、例外というのは何にでもあるものなので、闘争心の発現として追い運動で先頭を走る馬がいないとは言えない。それは認めなければならないだろう。

ただ一般論として、闘争心を理由にするのは、やはり無理がある。と言うよりも、説得力のある根拠がない。恐怖心を原因と考える方が、馬の行動原理をベースにしているだけに、はるかに合理的と言える。

この「負けん気が強いから追い運動で先頭を走る」もやはり誤解と言っていいだろうが、こうした誤解は、案外競馬の世界には多く見られるのだ。

人の価値観、馬の行動原理

ではなぜ、このような誤解が生じたのだろう。

件《くだん》の競馬芸人が挙げた「競走馬はレースに勝つために、横を走っている馬に噛みついたりすることがある」というエピソードは、競走に勝つこと、自分と同じ種の中で速く走ることに意味がある、という価値観が前提にあってはじめて成立する。しかしこの価値観は、馬のものではなく、私たち人間のものだ。

人間にとって、隣にいる仲間より速く走れることには大きな意味がある。

私たち人間は一応捕食者の端くれである。おそらく捕食者としてはかなり弱い、肉体的な能力はあまり高くない動物だろうが、かわりに獲得した知能と、その知能で発明した道具によって、自分たちより強い動物も倒せる捕食者になった。おそらく多くの肉食動物と同じように、集団で狩りをすることが多かっただろう。

獲物を得ようとする捕食者にとって「被食者よりも速く走る」ことは重要な能力になる。と同時に、一緒に狩りをする仲間の中でもっとも速く走ることも、大切な要素になることだろう。誰よりも速く走れたら、狩りをする上で集団のイニシアティブを取ることができるだろう。それは集団内での自分の存在価値を高め、ひいては社会的順位を上げることにも結びつく。

さらに人間の場合、走る能力では大型の動物には敵《かな》わないから、石や槍を投げるとか罠《わな》を仕掛けるとか、離れた場所から獲物を仕留めることも多かったに違いない。そんなとき、倒した獲物の元に仲間の誰よりも早く駆けつけることができれば、より多くの、あるいはより美味しい部位の肉を確保できる可能性が出てくる。

つまり人間にとって、隣にいる仲間より少しでも速く走ることは、生き抜くために重要な能力のひとつなのである。集団の狩りに参加はしていても、獲物に辿《たど》り着くのが最後になってしまっては、すでに分け前の肉はなくなっているかもしれない。先ほど馬について使ったばかりの表現をなぞって言えば、仲間うちの誰よりも速く走れることは、利益になりこそすれ不利益になることはないのだ。

獲物の元（ゴール）に辿り着くのが早ければ早いほど、利益は大きい。三番手よりは二番手が、二番手よりも一番手の方が得だ。私たち人間は、そういう価値観の中で生きてきた。だからあらゆる競走において、真っ先にゴールに到着することに最高の価値を見いだすのだ。

したがって私たち人間は、競走をすれば勝ちたいと思う。そのために、ルールが許す範囲内で、さまざまな手段を使う。陸上競技では肘を張って隣を走る選手が自分の前に出る邪魔をするし、競輪では後ろから自分を抜こうと突進してくる選手に対して、自らの自転車を振ってブロックしたりもする。

人間がそうだから、馬だって同じに違いない、という発想が、この誤解を生んだのだろう。

なぜ人は間違えるのか

実はこの「馬は勝つために他馬に噛みつきにいく」という話は、私が競馬を始めた30数年前にはすでに言われていたことで、この番組を見ていて、これがいまだに生きていたことに驚かされた。これだけ広く、長く語られ続けているのは、このエピソードがひじょうにわかりやすい、いわば「座りのいい」ものだからだろう。

私たちは「人間がそうなのだから、馬だって同じに違いない」という思い込みを、ついつい持ってしまう。そして、その「思い込みによってあらかじめ用意された結論」、つまり今回の例における「馬はレースで勝ちたいと思っている」を補強するために、都合のいいエピソードが探されることになる。

そこで見つかったのが「隣の馬に噛みつく馬」の話だ。人間が肘を引っかけることに相当するのは「噛みつく」だろう。これだこれだ、あったあった、というわけだ。しかしこれはすでに述べたように、残念ながら馬の行動の本来の意味からは離れてしまっている。人間の価値観を、馬というまったく別の行動原理を持つ動物に、そのまま適用してしまったための誤りと言えるだろう。

私たちは人間以外の動物の思考や行動を理解するとき、どうしても人間に寄せて考えてしまいがちだ。それが理解しやすいからなのだが、同時に危険も孕《はら》んでいる。わかりやすく、ごく自然に理解し、納得できてしまうから、前提が間違っているとは考えない。だからやっかいなのだ。

この「勝ちたくて噛みつく馬」の話も、もともと人間のメンタリティを基準に組み立てられたものなので、とてもわかりやすい。納得しやすいのだ。だからこそ、競馬や馬についてはかなり詳しいはずの競馬芸人たちも、全員がこのわかりやすさに引っぱられてしまったのだろう。

競馬を見るとき、馬という動物を考えるときには、まず「彼らは自分たちとは違う動物である」ことを忘れてはいけないと私は考えている。こう言ってしまうとまったく当たり前の話なのだが、それが当たり前のことと知っていても、私たちは往々にして忘れてしまう。そして、間違えてしまうのだが、それは私たち自身にとっても、馬にとっても、決して幸せなことではないように思えるのだ。

馬だから競馬はできた

といったわけで、私たち人間は競走に大きな意味を見いだしているし、その競走に勝つことに価値を認めているが、馬にとってはどちらもさほど重要なことではないように思える。とにかくレース中にまったく別のこと（順位づけ行動）を始めてしまうのだ。そのことがすでに、馬がレースにさして意味を見いだしていない証拠である。

では、そんなあまり価値を感じていないレースを、なぜ馬たちはしているのだろうか。

という言い方をすると何だかとても大層な疑問のように聞こえるが、これについては私自身が、ひとつの答えを持っている。そしてそれはまず間違っていないだろうと自信を持っている。

その答えとは、

「人間がさせているから」

である。

馬は主人である人間が「走れ」と言っているから走るのである。件の女性タレントが言ったように、鞭で叩かれるのが嫌だから走るのではない。考えてほしいのだが、レースにおいて鞭で打たれるのはどんなときだろう。そのほとんどが最後の直線である。最後の直線では、すべての馬が必死に走っている。必死に走っているのに叩かれるのだ。走らないことを理由に叩かれるのであれば「叩かれるのが嫌だから走る」が成り立つが、走っているのである。一所懸命走っているのに叩かれるのだ。叩かれるのが嫌だからとかいう問題では、そもそもないのである。

鞭で打たれる以前に、人に走れと言われて馬は走っている。トレーニングをするから調教場に行けと人が言うから行くし、競馬場に移動するから馬運車に乗れと言うから乗る。スターティングゲートに入れと言われるから入るし、走れと言われるから走るのだ。

何をいまさらと思われるかもしれないが、これはとても重要な事実である。

言い方を換えよう。

競馬というのは、誰がやるものなのか。

それは、人間なのだ。馬ではない。

馬同士を走らせて競わせようと考えたのも人間なら、競走にあたってのルールを決めたのも人間、実際に走る馬を選別するのも人間で、しかも競走中もその背中に人間が乗って指示を出しながら走らせる。それが競馬だ。つまり競馬とは、人間が「馬でこんなことができたらいいな」「馬でこんなことをやってみたいな」と考えたことを実現させたものなのである。

換言すると、人間がやってみたい、やらせたいと思っていたことを、実現できた動物が馬だったということになる。馬は実際にそれをやってしまったのだ。

これは実にすごいことである。

もちろん、人間が「こうしたい」と考えたとおりのことをしてくれる動物は、馬だけではない。荷物を運んだり、仕事を手伝ってくれる動物は、ほかにもいる。牛や犬やラクダやゾウもそうだ。そうした一般的な労役ではなく、動物同士を競わせることに限っても、ドッグレースがあり、闘犬があり、闘牛（闘牛士と牛ではなく、牛同士が闘うもの）がある。もっと身近なことを言えば、カブトムシやクワガタを闘わせるのは、私たち自身が子どものころによくやったものだ。

しかし競馬において人間が馬に要求していることは、それらと比較しても、飛び抜けて複雑だ。それだけ複雑なことをやってのけるのが、馬なのである。

という言い方をすると、まるで馬が犬や牛より優れているかのように聞こえるかもしれないが、そうではない。競馬で馬がやっていることは犬や牛にはできないから、犬や牛より馬の方が優秀と考えることは、人間の価値観をそのまま馬に当てはめてしまった「噛みつく馬」と同じ過ちを犯すことになる。

が、ほかの動物より優れているかどうかとは関係なく、競馬が「馬だからできた」ものであることもまた、間違いないところである。

では、なぜ「競馬は馬だからできた」のか。そのあたりのことを考えていこう。

第二章

競馬を可能にした馬という動物

人が乗れる背中とは

先ほど挙げた、人が動物同士を競わせる競技（ドッグレース、闘犬、闘牛、カブトムシヤクワガタの相撲、そして競馬）の中で競馬がひときわ異彩を放つのは、「人が動物に乗っている」ことであり、同時に「人が競技にコミットする」ことだろう。

人がレースに直接コミットできるのは、馬の背中に乗って一緒に走っているからなので、やはりここで重要なのは「人が馬に乗っている」ことになる。

人が「この動物に乗ってみよう」と考えるためには、まず最初の前提として、その動物が「人間が乗れるくらいには大きい」必要がある。

私は犬を飼っているのだが、できることならその背中に乗ってみたいと思う。そして、飼い主が言うのも何なのだがとてもよくできた犬なので、私が背中に乗るのを嫌がることはないはずである。しかし問題は彼がチワワだということで、背中に乗るのは物理的に不可能だ。

幸い馬の場合、まずこの条件には合致していたわけだが、乗れる動物と乗れない動物とを分ける重要な要素が、体の大きさのほかにもうひとつある。

それは、その背中が十分に硬く丈夫で、安定していること、だ。

例えば、チーターという動物には、乗れるものなら乗ってみたいと多くの人が思うだろう。

陸上動物界最速の走りを、その背中に乗って実感できるなんて、考えただけでワクワクするではないか。が、それはまず不可能なのだ。チーターにとって私たちはただの食糧であって、そばに近づくだけで命の保証がないためでもあるが、乗れない理由はそれだけではない。

チーターは走るとき、一完歩ごとに体を大きく屈伸させる。後脚で地面を蹴るときに前脚を大きく前に伸ばす。すると体全体が伸びて、背中は「)」と反り返った形になる。そして前脚が着地して後脚をそこに引き寄せるときには、今度は「(」のようにぐっと盛り上がった形になる。

背中が大きく湾曲し、しかも上下動するのだ。これだけ大きく動くと、とても人間は乗っていられない。仮に跨《また》がるだけは跨がれたとしても、チーターが走り出したとたん、その一完歩目で早くも振り落とされることだろう。

それに対して、馬は走るときにも背骨が屈伸することはなく、ほぼ平らなままで、上下動もさほど大きくない。ひじょうに安定している。そして背骨はとても硬く、丈夫だ。馬が走っても人が乗っていられる背中なのである。

おそらく「速く走る」ことを考えたら、チーターの背中の方がその目的に合致している。より大きなストライドを取れるからだ。にもかかわらず、馬があえて硬い背中を選択したのは、彼らが草食動物だからである。草は肉に比べて栄養価が低いので、まずたくさん食べなければならない。しかも食べた草からできるだけ多くの栄養を摂取するために、徹底的に消化する。そのために草食動物の消化器は大きく、長く発達することになる。牛は胃を4つ持っていて、胃で消化された食物を再び口に戻して咀嚼《そしゃく》する反芻《はんすう》を行うことはよく知られているが、これも食べたものを可能な限り消化して、できるだけ多くの栄養分を摂取するためのメカニズムだ。

馬は反芻動物ではなく、胃もひとつしかないが、そのかわり腸はひじょうに発達していて、小腸が20～30メートル、大腸が6～10メートルもある。人間では退化してしまった盲腸もとても大きい。それらが腸間膜という膜にくるまれて背中から吊されているのだが、これだけ巨大な消化器になると重さも相当なものになる。その重さを支えるだけの丈夫で硬い背骨が、馬には必要になるわけだ。

そして、その丈夫な背骨と硬い背中が、人間が乗るためにとても都合がよいというわけなのである。

人の意思を馬に伝えるために

しかし、ただ背中に跨がるだけでは「乗った」ことにはならない。背中に跨がったのち、その馬を動かしてはじめて目的を達したことになるわけで、そのためには人間の意思を馬に伝えなければならない。「歩け」「曲がれ」「止まれ」といった命令を馬に与え、それを理解させ、実行させる必要がある。

だが、人間の意思を動物に伝えることは容易ではない。

動物に対して何らかの指示を出そうとするとき、たいていの場合、動物が逃げ出さないための確保も兼ねて、動物の体のどこかに縄をかける。そして、その縄を引いたり、あるいは直接手で動物の体に触れたり、声をかけたりといった動作をすることで、指示しようとする。

ところが、首や頭に縄をかけて操作しても、その動きがなかなか動物には伝わりにくい。馬や牛のような大型の動物になると力も強いから、首や頭にかけられた縄を非力な人間がちょっと引っ張ったくらいでは、顔の向きも変わらない。もしかするとほとんど何も感じていないのかもしれない。これではとても細かな指示など出せるものではない。

馬の背中に乗り、首や頭に縄をかけて手綱にしたとしよう。右に曲がりたいときには、こっちに行けよ、と馬の顔を右に向けようとするわけだが、ちょっとやそっとで顔は動かないから、とにかく力任せに右の手綱を引っ張ることになる。

右に曲がるといっても、ちょっと進む方向を変えたいとか大きく転回したいとか、曲がり方もいろいろあるはずなのだが、力任せに引っ張ったのではそれらの区別も難しい。

そこで人間が考え出したのが、馬銜（ハミ）である。馬銜とは馬の口に含ませる金属製の棒で、その両端には手綱が結びつけられている。手綱を引くことで馬銜に力がかかり、人間の意思を馬に伝えることができる。

馬銜という道具が優れているのは、口の中(端)という敏感な部位に作用することだ。敏感な部分だから力任せに操作する必要はない。ちょっと手綱を引けば、馬にも引かれたことがわかる。かける力の強弱でも指示内容を変えられるから、細かな指示を馬に与えることができるというわけだ。

まったくこの馬銜を発明した人は天才なのではないかと思うのだが、それよりも驚くのは馬がちゃんと馬銜を咥《くわ》えるということだ。

普通に考えて、そんな金属の棒が口の中にあったら邪魔でしかたがない。人間の指示を受ける以前に、苛々して暴れてしまいそうだ。

ところが、馬はそれほどには馬銜を苦にしないようなのである。もちろん馬銜を嫌がらないように教育してはいるのだが、秘密は馬の口の構造にある。

馬の歯にも前歯と奥歯がある。前歯(切歯)で草を千切り、奥歯(臼歯)で嚙み砕き、磨り潰して食べることになる(牡馬の前歯には切歯に加えて犬歯もある。だから馬の歯は牡馬の方が牝馬より4本多い)。

この前歯と奥歯は人間のように連続して生えているわけではなくて、その間にはまったく歯の生えていない部分がある。歯槽間縁《しそうかんえん》(図2-1)と呼ばれているのだが、馬銜はその歯槽間縁にかませるのだ。人間が金属棒を咥えたら、その厚みの分だけ口が開きっぱなしになってしまうが、歯がない部分なのでそんなこともない。とても都合のいい隙間なのである。

この歯槽間縁がなぜ存在するのかは、よくわかっていないのだという。どうもあってもなくてもいい隙間のようなのである。あってもなくてもいいものがあると聞くと、逆にそこに意味を見いだしたくなってしまうのだが、そうなると私たち競馬ファンにとっては「馬銜を通すためのもの」としか考えられない。この歯槽間縁は、人を馬に乗せるために神様が作ったに違いないのだ。だって、そうとしか思えないではないか。

図2-1　歯槽間縁

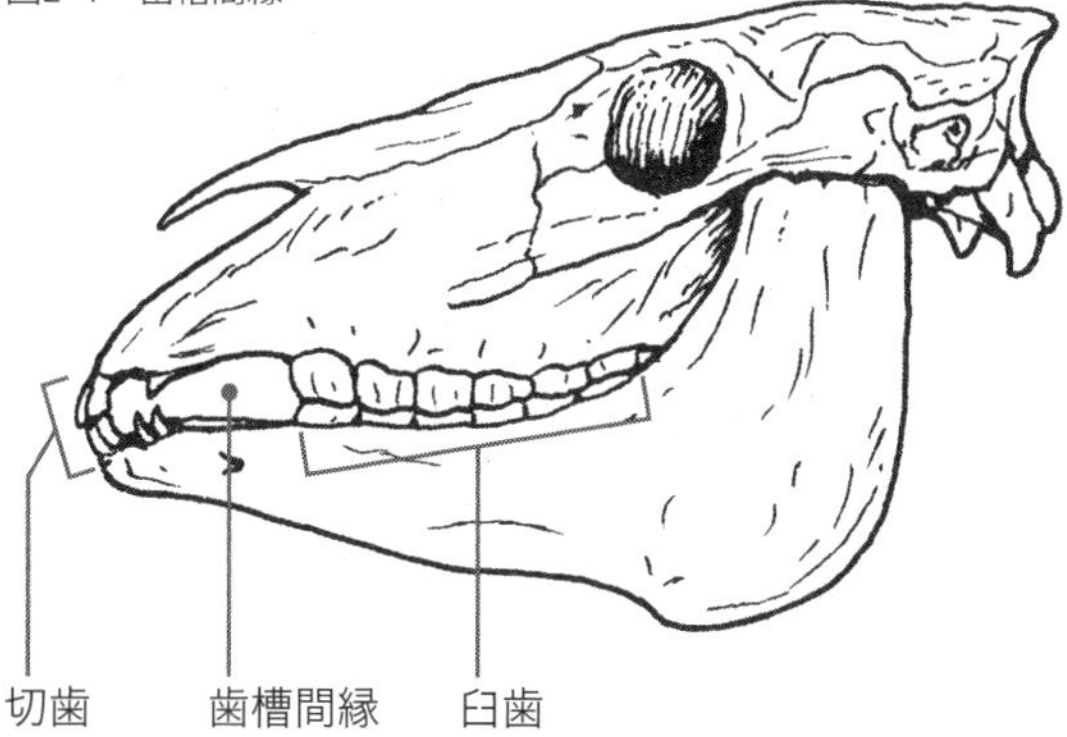

馬は人を受け入れた

ここまで取り上げてきた「人が馬に乗れた理由」は、体の大きさにしろ、背中の硬さにしろ、歯槽間縁にしろ、いずれも馬の身体的な要因だ。が、「物理的に馬の体が乗れるようにできていた」だけで乗れるものではない。

もうひとつ重要になるのが、性格的な問題だ。人が背中に乗れたのは、馬という動物がおとなしく、扱いやすく、なによりも人を受け入れてくれ、指示に従ってくれる動物だったということだ。

人間と馬との関係は、最初はやはり捕食者と被食者、狩るものと狩られるものの関係だっただろう。人間は馬の肉を食べ、その皮で衣服を作っていたわけだ。しかし、次第に馬は人間にとって「狩って、食べる」だけの動物ではなくなっていったことだろう。馬は人間が触ることを許してくれるし、「こっちに来い」と引っ張れば、そのとおりに動いてくれる。行動をコントロールできるわけで、そうなると馬の持っている力は人間にとって大きな魅力となる。これに荷物を運んでもらえば、ずいぶん楽になるだろうと考える。そして、それを使おうということになる。

前出の楠瀬良氏は、これまで人間が家畜化してきた動物の共通点として、

1　餌の経済的効率がよい
2　成長に時間がかかりすぎない
3　繁殖が容易
4　気性がおとなしい
5　群れとして生活する習性がある

を挙げている。

幸いなことに、馬もこれらの要素をほぼ備えていた。

餌はその辺に生えている草を与えればいいのだし、生まれて1年もすれば労働力として使えるようになる。繁殖方法が特殊なこともなく、どんどん新しい世代が生まれてくるし、人間に役に立つ特徴を強化した馬を作ること（つまり品種改良）も可能だ。群れで生活する動物は飼養もしやすい。

というわけで、馬は人間によって家畜化されたのだが、ただ、2の「成長に時間がかかりすぎない」のと、3の「繁殖が容易」に関しては、ほかの動物に比べるとやや不利ではある。馬は1年に一度しか出産しないし、ほとんどの場合、生まれる子どもは1頭だけだ。効率という点ではあまりよくないのだ。それでも人間が馬を手元に置こうとしたのは、それだけ馬が役に立つ動物だったということだろう。

馬が家畜化されたのは、およそ5000～6000年前だと言われている。最初に馬を家畜にしたのは中央アジアの遊牧民だったとされているが、やはり移動・運搬の用途に有用と考えられたのだろう。ちなみに紀元前3500年の遺跡から出土した馬の歯には馬銜の跡が残っており、馬銜が発明された（人が乗るようになった）のは、家畜化のかなり早い段階だったと考えられる。これもまた、馬がいかに扱いやすい動物だったかを示すものと言えるだろう。

さて、馬はこの「家畜化5項目」を満たしていたが、そのうち4の「気性がおとなしい」が該当しなかったために家畜化できなかった動物も少なくない。その代表格がシマウマだ。

シマウマは体の大きさも手ごろで、背中も硬く、丈夫だ。さらにはなんと歯槽間縁まである。まさに乗ってくださいと言わんばかりの動物なのだが、乗ることができない。とにかく気性が荒くて家畜化できなかったのだという。子どものころはまだ人の言うことを聞くのだが、成長するにしたがって言うことを聞かなくなり、やがて人の手には負えなくなるのだそうだ。

という言い方をすると、シマウマの気性の荒さが特別のように聞こえるかもしれないが、実はそうとは言い切れない。

ウマ科には馬を含めて7種の動物が分類されているが、その中で家畜化されたのは馬以外にはロバの野生種であるアフリカノロバだけ。つまり家畜化できたものの方が少ないのだ。とすると、シマウマがウマ科の中でとくに気性が荒かったのではなく、馬がとくにおとなしかったと考える方が妥当なのかもしれない。

なんだか、ますます馬という動物の存在が、奇跡のように思えてくるではないか。

馬はなぜ競馬で走るのか

といったわけで、もともと気性のおとなしい馬だったが、家畜化されたことで、ここに新たな要素が加わることになる。人間による選択淘汰だ。

選択淘汰による品種の改良は、基本的に人間にとって役に立つ特徴を強化するために行われる。あるところでは重い荷物を運んだり車や農具を牽《ひ》くために、体が大きく力の強い個体が選抜される。また険しい山道を登るための小柄で丈夫な体や、長い距離を移動するためのスタミナを追求して馬を作ることもあっただろう。

もちろん、走るのが速い馬も作られた。サラブレッドという品種はかなり新しいものだが、サラブレッドの誕生よりずっと前から、スピードを求める馬作りは当然なされていたはずである。

馬の家畜化からほどなく人は馬に乗り始めたが、馬に乗れば競走をしたくなるのは人情だろう。競走をすれば勝ちたいのはこれまた人情なので、競走のために走るのが速い馬同士をかけあわせて子どもを産ませるのは、ごく自然な成り行きだからだ。

品種改良によって伸ばしたい能力が力強さであれスタミナであれ、あるいはスピードであれ、それは人間の役に立ってもらうためのものだから「人間に従順である」こと、「人間の言うことをきく」ことは、その前提となる要素になる。いくら力が強くても、いくら速く走れても、人の言うことを聞かない馬では意味がないのである。

馬が元来おとなしい、人間に対して従順にふるまえる動物であるとしても、すべての個体がそうだとは考えにくい。どうしても触らせない、背中に人を乗せようとしないものも、一定数はいたと考えるのが自然だ。

だが、そうした馬は淘汰されることになる。おそらく彼は真っ先に食糧に回されたことだろう。人間に従順で、なおかつ人の役に立つ能力を持った馬だけが、次の世代にその遺伝子を伝えることができたのだ。

つまり現代の馬は、5000〜6000年前に家畜化されてからいままで、さらに「人に従順」な方向に選択淘汰されてきた。サラブレッドもまた、例外ではない。

おそらく現代の馬と家畜化される前の馬とを比べれば、同じ馬ではあってもその能力や特徴には、かなりの変化が生じているに違いない。

例えば犬はオオカミの子孫で、オオカミを家畜化して選択淘汰を繰り返すことで犬が生まれたとされている。[*1] そして犬の中でも猟犬や牧羊犬は、オオカミの持っていた獲物を追いかけ、追い詰める能力を強く引き継いでいると考えられる。が、だからと言って、現在のオオカミには猟犬や牧羊犬がしているような仕事はできないだろう。

犬という動物は時間をかけて、人のために働き、またそのことに喜びを覚えるように育てられてきた。そう感じられるものだけが選ばれ、残されてきたのである。だから人の指示に従って獲物を追い、羊たちを移動させる。が、オオカミは違う。彼らは人に従い、人のために働くことはしない。そうするように育てられていないからだ。

馬の場合、犬ほどに極端な変化はないのかもしれない。犬ほど長い期間ではないけれど、しかし馬も5000年以上にわたって、人に従い、人のために働き、人とともに生きる動物として育てられてきた。そして、人間にとって犬と並ぶ重要なパートナーとなった。

確かに、「サラブレッドは気難しい」とは、よく言われる。実際に落ち着きがなくて騎手が御するのに苦労する馬は私たち自身がよく競馬場で見るし、馬に携わる人たちのいろいろな証言からも、それは間違いないように思える。サラブレッドにおいては育種の目的が「競走のためのスピード」という特殊なものだったから、「人に対する従順さ」のハードルが他品種に比べて低くなったのだろう。

サラブレッドは、誰もが扱える馬である必要はない。騎手という特別な技術を持った人間が扱えさえすれば、とりあえずはいいのだ。選択淘汰に際しての「人に従順である」という要件が、他の品種より緩くても構わなかったのである。そのためサラブレッドは「馬の中では」気難しい。が、家畜化されていない動物との比較で言えば、ずっと人に従順である。

だから競馬が成立する。

最良のパートナーであり、主人でもある人間が「走れ」と言うから、走ってくれるのである。

＊1　これには異説もある。それによれば、オオカミと犬の関係は祖先と子孫ではなく、祖先を共有する、いわば縁戚関係であるということになる。

第二章

競走馬に必要な能力とは

レースの距離

競馬がどんなスポーツなのかを考えるとき、もっとも参考になるのは陸上競技の競走だろう。レースごとに決められた距離で、ゴールに到達する順位を争う。しかも基本的に道具は使わずに、選手の身体能力だけで争われるという共通点があるからだ。

そうした共通点はあるものの相違もまたかなりあって、相違点の大きなもののひとつに、距離のバリエーションを挙げることができるだろう。競歩を除く陸上競技が100メートルから4万2195メートルまでの幅を持つのに対して、競馬は1000メートルから3600メートルまで（中央競馬の平地競走の場合）に限定されている。人のマラソンは特殊なものと考えてトラック競技に限定しても、陸上の最長距離は1万メートルで、競馬のそれよりもかなり長い。

といっても、競馬の距離パターンの少なさには理由がある。100メートルや200メートルの距離では馬がトップスピードに到達する前にゴールになってしまう。それでは走る速さを競うという競技の趣旨にそぐわない。比べるものを「トップスピードの速さ」に絞ったとしても、やはり1000メートルくらいは必要ではないか。

また、あまり長い距離のレースも考えものだ。現代の競馬は、馬券を買った人がレースの一部始終を見届けることが前提になっているから、あまり時間がかかるようでは退屈だ。人がひとつのことに集中していられる時間は3分ほどという説もあり、3000メートル強という距離は実にいいところを突いているのではないか。

と、競馬の距離を決めた人が考えたかどうかはわからないが、世界的にも競馬（平地競走）は概ね、この範囲の距離で行われている。

もっとも近代競馬が始まった当時まで遡ると、話はまったく変わってくる。

近代競馬が始まったのは1700年ごろのことだとされている。その黎明期のレースは現在のものとはまったく様相が異なっていて、基本的には2頭の馬によるマッチレースで、距離も2マイルから4マイル（3200〜6400メートル）という長距離で行われていた。さらにはどちらかが2回先勝するまでといったような複数回対戦だったという。

ちなみに、この複数回対戦のレースを「ヒートレース」と呼び、複数対戦の1レースのことを「ヒート」といった。現在でも、陸上や水泳競技では予選から準決勝までは複数レースが組まれることになるが、その複数レースのひとつひとつをヒートと呼んでいる。

「デッドヒート」という言葉の由来になったのが、このヒートレースだ。現在の日本ではデッドヒートというと「激しい接戦」といった意味合いで使われているが、本来は「同着」のことを指す。同着のためにそのヒート（Heat）が無効（Dead）になるから、デッドヒート（Dead Heat）なのである。もっとも当時は現在のように僅差の着順を判定する技術がなかったから、僅差のレースはみな同着扱いになったらしい。それを考慮するなら、デッドヒートが「僅差の接戦」になっても、あながち間違いとも言えないのだが。

しかしその後、レース形態はマッチレースから現在のように多数の馬が参加するものになり、ヒートレースではない一発勝負のものになった。そしてレース距離はどんどん短くなっていって、現在のようなスタイルになったわけだ。

ただ、そんな昔のことを言ってもしかたがないというか、現在の競馬を考える上では意味がないので、現在のスタイルについて考えてみる。

最近の流れにおいても全体的には短い距離の方にシフトしている傾向はあり、3000メートル級のレースは今後も減っていくことだろうが、まったくなくなってしまうことはなさそうだ。

この1000メートルから3600メートルまでの距離は、短距離、中距離、長距離の3つにカテゴライズされることが多い。1000〜1400メートルくらいが短距離、2400メートル以上が長距離、その間が中距離、くらいの定義が一般的だろう。

短距離体型と長距離体型

競馬の勝ち馬を予想するにあたって、出走馬がどのくらいの距離のレースを得意とするか、つまり距離適性は、ひじょうに大きな要素になると考えられている。それは当然のことで、人間に置き換えて考えるとわかりやすい。100メートルや200メートルのレースに出場するウサイン・ボルトは圧倒的な本命になるが、彼が5000メートルや1万メートルに出てきたら、買うことはできないだろう。

その距離適性を判断するファクターとして、もっとも重要視されるのは血統だ。この距離適性は遺伝すると考えられているのである。

距離適性が遺伝する、というとずいぶんざっくりした言い方になってしまうのだが、より正確に言うなら、距離適性に関係すると思われるさまざまな要因、例えば体型であったり筋肉の量であったり、あるいは走行フォーム、気性などといったものが、それぞれ遺伝すると考えられているのだ。

おそらく距離適性というものは、そうしたいくつもの要因が複雑怪奇に組み合わさって決まってくるのだろうが、それらを個別に検討するのはなかなかたいへんな作業になる。どの要因がどの程度影響してくるのかなど、わからないことが多いからだ。しかし特定の距離に実績のある血統は、とりあえずそれらの要素をいい塩梅《あんばい》で持っていると考えられるから、血統を指標にすれば手っ取り早く判断することができるわけである。

そこで、この種牡馬は短い距離を得意にしてきたから産駒も同じようにとか、長い距離のレースに実績を残してきた牝系だから我慢できるだろうとか、その血統がこれまでどのくらいの距離で活躍し、どの距離では通用しなかったといった情報を元に、距離適性を判断するわけだ。

もちろん、個別の要素を子細に検討する方法もある。その場合、もっとも一般的に用いられているのは、体型だろう。筋肉質でがっちりした馬は短距離向き、細身ですっとした体型の馬は長距離向きと言われる。

これも人間のランナーを参考にするとわかりやすい。人間の短距離ランナーと長距離ランナーとには、明らかな体型の違いが見られる。短距離ランナーがごつい体つきをしているのに対して、長距離ランナーは瘦せていて、むしろ一見すると不健康にすら見える体つきだ。こうした差が生じるのは、それぞれの競技に有効な筋肉が違うためだ。

筋肉を構成する筋線維（筋繊維とも書く）には、筋肉の収縮速度が速く瞬発力に富んだ「速筋」と、収縮速度が遅く持久力のある「遅筋」の2種類がある。短距離走のような瞬発力を要する競技では速筋が鍛えられるが、この速筋は筋肥大しやすい性質がある。筋肥大とは平たく言えば筋肉が盛り上がるということだ。したがって、速筋が発達した短距離走者は、がっちりとした筋肉質の体型になる。一方、持久力が必要な長距離走者は遅筋が発達するが、遅筋は鍛えても速筋のように太くはならないので、全体の体型としては細身になるというわけだ。

このあたりの事情は馬の場合もまったく同じで、筋肉質の馬は短距離に向き、細身の馬は長距離を得意とすると考えていい。よく言われている体型と距離適性との関係は、まさにそのとおりなのである。

しかし、この人間の短距離ランナーと長距離ランナーの体型の違いは相当大きなもので、一流選手同士を比べれば、まず誰でもその差はわかる。しかし競走馬の場合、短距離馬と長距離馬の体型の差はどうだろうか。馬による差があるのは間違いないが、とはいえ人のものほど大きくはない。

これはどういうことだろう。

競馬はどんな運動か

そこで考えてみたいのが「競馬とはどんな運動なのか」ということだ。ここでは競走中のエネルギー消費について、もう少し細かく言うと「競走馬はどんなエネルギーを、どう使って走っているか」を見ていこうと思う。

スポーツに限らず、私たちが歩いたり立ち上がったり、あるいは頭を掻いたりする「運動」は、どんなエネルギーを使っているかによって、2種類に大別することができる。無酸素運動と有酸素運動だ。

ダイエットがブームになって、とくに有酸素運動という言葉はとてもよく耳にするようになったが、それでもまだ、これらについては根強い誤解がある。その誤解とは、無酸素運動は無酸素状態、つまり無呼吸でするもので、有酸素運動は呼吸をしながらするというものだ。

いやいや、いくら何でもそんなことはないだろう、そのくらいのことはみな知っているだろうと思われるかもしれないが、意外に勘違いしている人が多いのだ。

無酸素運動と有酸素運動は運動時の呼吸の有無で区別されているのではない。使っているエネルギーが無酸素エネルギーか有酸素エネルギーかの違いである。では、無酸素エネルギーと有酸素エネルギーはどう違うのかと言えば、エネルギーの生成過程で酸素を使うかどうか、になる。もちろん、酸素を使って作るのが有酸素エネルギー、使わないのが無酸素エネルギーである（細かなことを言えば無酸素エネルギーにも2種類あるのだが、ここではそこまでは踏み込まない。以下もひとつのものとして記述する）。

さて、無酸素エネルギーと有酸素エネルギーの違いは生成過程だけではなくて、エネルギーとしての性質や使われ方も違う。

無酸素エネルギーは大きなパワーを出すことができるが持続時間は短く、瞬発的な運動に使われる。また、体内に蓄えられた糖質などがエネルギー源となるため、それを使い切ってしまったら再びエネルギー源になる物質を蓄えるまでは作り出すことができない。したがってレースにおいては「使い切り」の状態になる。また、疲労物質である乳酸が多く生成されるので体が動かなくなる。

一方の有酸素エネルギーは、軽度で継続的な運動に使われる。運動しながらでも酸素を摂取することでエネルギーを作り出すことができるのが、無酸素エネルギーとの大きな違いになる。乳酸の生成も、無酸素エネルギーに比べて少ない。

競馬に限らずスポーツの多くは、この無酸素エネルギーと有酸素エネルギーの両方を使う。一般的に軽い運動は有酸素エネルギーだけでまかなえるのだが、運動の強度が上がったり、瞬発的な力を必要とすると無酸素エネルギーが動員される。

競馬において無酸素エネルギーが使われるのは、ひとつはスタート時のように瞬発的な力を必要とするときだ。また有酸素エネルギーは作り出すのに時間がかかるため、スタート直後は必要なエネルギーを有酸素エネルギーだけではまかなえない。そこで、スタートしてしばらくは無酸素エネルギーが多く消費される。ある程度の時間が経って有酸素エネルギーが作られ始めると消費エネルギーの多くは有酸素エネルギーになるが、そこでも有酸素エネルギーでは足りない分は無酸素エネルギーが動員される、というのが基本的なエネルギー消費のモデルである。

短距離も長距離も「中距離」だった

では、実際に両者がレース中に使われる割合はどうなっているのか、ＪＲＡ競走馬総合研究

図3-1

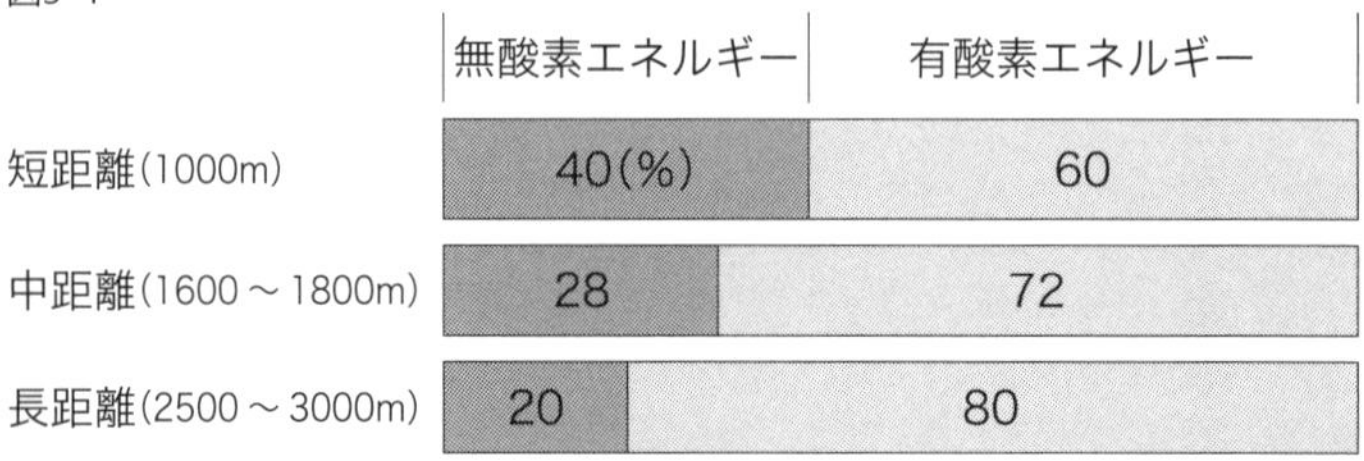

(JRA競走馬総合研究所)

所がレースの距離別にエネルギー消費の内訳を調べたのが、図3ー1だ。

この研究によれば、距離が延びるにしたがって有酸素エネルギーの割合が多くなっている。これは単純にレースの時間が長いからだと考えていい。無酸素エネルギーは体内に蓄えられていたエネルギー源の分しか作り出せないので、レース中に使える量は決まっている。が、有酸素エネルギーに関してはレース中も酸素を取り入れてエネルギーを生成できるので、時間が長ければそれだけ作るエネルギー量も増えることになる。当然、有酸素エネルギーが占める割合はそれだけ増える。生成した有酸素エネルギーの量の差が、この違いを生んでいるのである。

この数値からは、短距離レースと長距離レースには明らかな違いが認められる。つまり短距離と長距離では、レースの性質が違うのだ。レースの性質が違えば、そこには得意不得意が生まれてくる。短距離を得意にする馬、長距離を得意にする馬が出てくるのも当然と言える。

ということで終われば何ということのない話なのだが、それほど単純ではないのが、競馬の面白いところなのだ。

この研究結果だけを見ると、確かに短距離レースと長距離レースにははっきりと違いがあるように感じられる。しかし、ここに提示されている3つのカテゴリの数値はすべて、人間の陸上競技における中距離走にあたるのだ。

陸上競技の100メートルの場合、トップアスリートが使うエネルギーの大半は無酸素エネルギーだ。逆にマラソンではほとんどが有酸素エネルギーになる。先に挙げた競馬のエネルギー消費に近いのは、中距離レースなのである。

とすると、サラブレッドはみな中距離ランナーだと考えていいのだろうか。短距離馬と長距離馬には100メートルランナーとマラソンランナーほどの差はなくて、実際のところは「800メートルが得意な中距離選手」と「1500メートルが得意な中距離選手」くらいの違いなのだろうか。

短距離馬と長距離馬の体型に人間ほどの違いがないのも、彼らがみんな中距離ランナーだからなのだろうか。100メートルランナーとマラソン選手の体型の違いは私でもわかるが、800メートル走が得意な選手と1500メートル走専門の選手との体型差は、私にはわからない。そういうことなのだろうか。

馬の筋肉は「超短距離型」

ところで、先ほど速筋と遅筋について少し触れたが、実は速筋は無酸素運動に使われる筋肉で、遅筋は有酸素運動に使われる。したがって、無酸素運動が主である陸上短距離では速筋が、有酸素運動のマラソンでは遅筋の発達が求められることになる。

しかし、ここでひとつ断っておかなければいけないのだが、競馬が陸上の中距離走に似ているといっても、それはあくまでもエネルギー消費という側面から見てのこと。馬の筋肉については、また別の問題になる。

では、馬の筋肉の構成（速筋と遅筋の割合）がどうなっているのかというと、人間の陸上競技の選手とは違うのである。

陸上競技の短距離選手の場合、速筋と遅筋の割合はおよそ70パーセントと30パーセントと言われている。これが長距離選手になると速筋が30パーセントで遅筋が70パーセントとなって、そこには大きな差が存在する。この差が、誰が見てもわかるくらいの体型の違いになっているわけだ。

この速筋と遅筋の割合をサラブレッドで調べてみると、速筋が87パーセントで遅筋が13パーセントになる。つまり、人間の短距離選手よりもはるかに短距離向きに寄った、いわば「超短距離型」なのである。サラブレッドでもこの割合には個体差があるのだが、その幅は上下数パーセントに過ぎない。まあほとんど変わらないと言っていい程度なのだ。そのくらいの違いしかないので、短距離馬と長距離馬の体型の違いは、陸上競技の選手ほど大きなものにはならないわけだ。あるいは、私たちがサラブレッドの体を見て感じる短距離馬と長距離馬の違いは、速筋と遅筋の割合というより、筋肉の量や筋肉がついている場所の違いではないかとも思える。

この速筋と遅筋の割合は、馬の品種によって多少の違いがあることもわかっている。

クオーターマイル（４００メートル）のレースをするクオーターホースという品種にいたっては、なんと速筋遅筋の比率は94パーセント対６パーセントになるという。速く走るイメージのあまりないペルシュロン（ばんえい競馬の輓馬《ばんば》のルーツになった品種）などの重種[*2]でも、人間の短距離選手くらいの割合だというのだ。重種でも人間の短距離選手というのはちょっと驚きで、それだけ馬という動物全体が、短距離を走るのに向いた体をしているということなのだ。

しかし、馬の体が超短距離向きにできているのは、考えてみれば当然と言える。もう一度言うが、彼らは「逃げる」動物だからだ。

肉食動物から襲われそうになったとき、なにより大事なのは素早く逃げることである。もっとも安全なのは、捕食者が自分の存在に気がつく前に逃げてしまうことである。そして、捕食者が追いかけてきても追いつけないだけの距離を確保してしまうことだ。そうすれば、捕食者は狩り自体を諦めてくれることだろう。そのため馬は視覚や聴覚を発達させた。

しかし、もし捕食者の発見が遅れて、接近を許してしまったとしたら、そのときこそもたもたしている暇はない。すぐに走り出さなければならないのだ。瞬発力の勝負なのである。

危険を察知したらすぐに逃げ出す瞬発力に比べて、持久力の重要性はそれほどでもない。狩りの多くは、成功するにせよ失敗するにせよ、さほど時間がかからないからだ。捕食者にとっても被食者にとっても、勝負は短い時間で決まるのである。あとでまたこの話は出てくるが、捕食者の側もそう長い時間は走れないようになっているのだ。

プライオリティはスタミナではなく、スピードであり、瞬発力にある。だから馬にとって重要な筋肉は、瞬時に動き、早くスピードを上げるための速筋だった。そのために筋肉の9割近くを速筋が占めることになったと考えられる。

＊2　馬の品種を大きく4分類したときの分類のひとつ。「軽種」「重種」「中間種」「在来種」に分けられている。サラブレッドなど競馬や乗馬で使われる馬は軽種、ペルシュロンのようなパワーのある馬が重種、軽種と重種の混血が中間種、道産子（北海道和種）や木曽馬などが在来種となる。

競走馬に求められる能力

ここまで見てきた「馬の筋肉組成は超短距離型だが、レースの性質は中距離走に近い」という事実は、競馬という競技を考える上でとても興味深い。

陸上競技でもっとも厳しいのは中距離レースだ、とはよく言われることである。スピードとスタミナのどちらか一方ではなく、両方の能力を求められるからだ。競馬も同じで、短距離馬だからスピードだけ、長距離馬はスタミナだけでいいということにはならない。超短距離型、スピードタイプの体であるにもかかわらず、中距離レースのスタミナをも求められるのが競馬なのだ。いわば「総合的」「絶対的」走能力とでもいうべき力が必要な運動なのだ。

ここで言う「スタミナ」は「有酸素エネルギーを作り出す能力」と言い換えられる。有酸素エネルギーを多く作れれば、より長い時間走ることができるからだが、そもそもスタミナとは単に長い時間を走ることができるというだけではないだろう。より多くの有酸素エネルギーを作り出すことができれば、短距離レースにおいてもほかの馬よりも多くのエネルギーを使うことができる。それだけアドバンテージがある、ということとなる。したがって、サラブレッドにとってもっとも重要な能力のひとつは、有酸素エネルギーを生成する能力だということになる。

先ほどレースにおけるエネルギー消費のモデルを説明したときに「有酸素エネルギーでは足

りない分は無酸素エネルギーが動員される」と書いた。この「有酸素エネルギーだけでは足りなくなるところ」が、その馬の持つ有酸素エネルギー生成能力と考えられる。

　では、一般的にサラブレッドでは、どのくらいのスピードで走ると有酸素エネルギーだけでは足りなくなり、無酸素エネルギーが使われるようになるのだろう。

図3–2　スピードごとの消費エネルギー

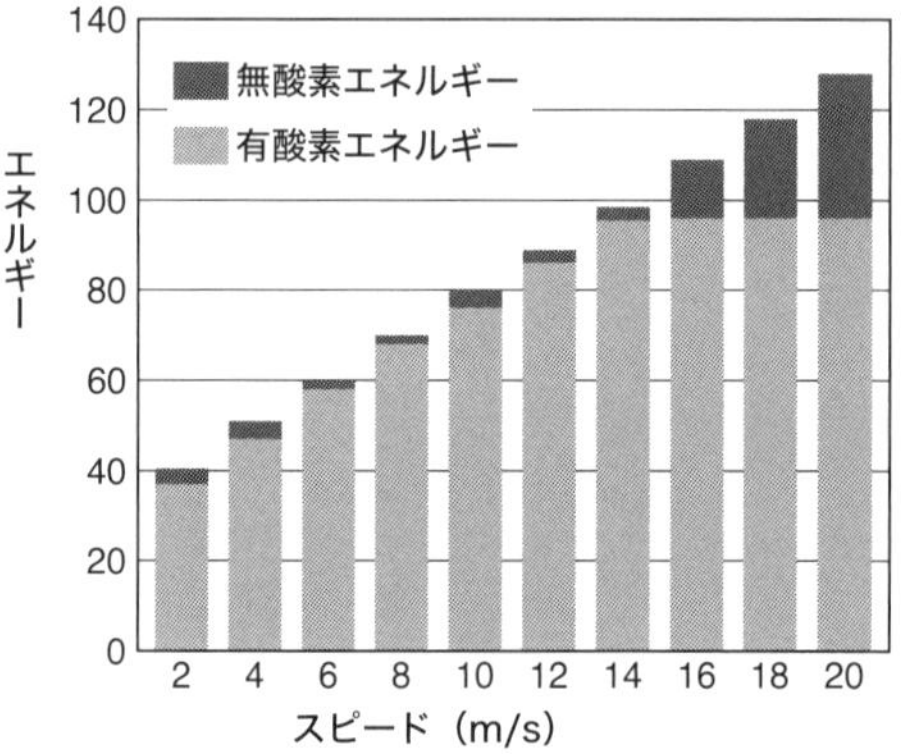

（JRA 競走馬総合研究所）

　図３－２は、ＪＲＡ競走馬総合研究所が調べた各スピードにおけるエネルギー消費である。

　低速で走っているときには、その消費エネルギーのほとんどが有酸素エネルギーである。スピードが上がるにつれて消費エネルギーの全体量は増えていくが、その増加分もほぼすべて有酸素エネルギーになっている。これは運動が強くなっても、強くなった分は有酸素エネルギーだけでまかなえていることを意味する。

　様子が変わってくるのは、スピードが秒速14メートルを超えたところだ。秒速14メートルと16メートルでは有酸素エネルギーの量はほとんど変わらず、全体量の増加分は無酸素エネルギーの増加によっている。さらに秒速18メートル、20メートルと速くなっても、有酸素エネルギーはほぼ横ばいで、無酸素エネルギーだけが増える。

この結果から、平均的なサラブレッドの有酸素エネルギー生成能力は秒速14メートルで走るあたりで限界を迎え、それより速くなると無酸素エネルギーが動員される、ということがわかる。

「15－15」には意味があった

では、有酸素エネルギー生成能力とは、もう少し具体的にはどんなことになるのだろう。

有酸素エネルギーを作るためには、言うまでもなく酸素が必要になる。したがって酸素をできるだけ多く体内に取り込むことが重要になる。厳密に言えば「酸素を体内に取り入れる能力」と「取り入れた酸素を使ってエネルギーを作り出す能力」は別のもので、いくら酸素を取り入れてもそれをエネルギーにできないということもあり得るのだろうが、現実には両者には密接な関係があるようだ。やはりJRA競走馬総合研究所が調べたスピード別の酸素摂取量では、同様に秒速14メートルのあたりで摂取量が頭打ちになった。

そこで、有酸素エネルギーをたくさん作るためには、まず酸素摂取量を増やし、取り込んだ酸素を体内にくまなく行き渡らせたい。そのためには、酸素を取り込む肺と酸素を体内に送り出す心臓の力、いわゆる心肺機能を強化したいということになる。そして、この心肺機能はトレーニングによって強化することができる。

心肺機能に限らず、ひとつの能力を強化するには、現在持っている力より少し強い負荷をかける。能力よりも弱い負荷では現状でこと足りてしまうので、機能強化にはつながらない。持っている能力よりちょっとだけ無理をさせることで、体はその無理に応えようと強化されるわけだ。

となると、心肺機能を強化するには、秒速14メートルよりちょっと速いスピードで走ることが有効になる。この秒速14メートルというスピードは、競馬の世界でよく使う200メートル＝1ハロンあたりの速度に置き換えると、1ハロン14〜15秒になる。

ということは、心肺機能を強化するためには1ハロン14〜15秒で走ればいいのだが、競走馬の調教で、1ハロン15秒はひとつの基準となるスピードだ。レースに向けての本格的な調教の目安となるのが15－15（1ハロン15秒のペースで走る調教）であり、故障で休養していた馬の回復・調整具合を「15－15ができるようになった」などと表現する。15－15で心肺機能を強化しながら体調を整え、レース前に強い追い切りをかけるのが、標準的な調教のスタイルになる。

この「15－15」が調教の基準になったのは、最近のことではない。もうずっと前から日本ではこのスタイルで調教が行われてきた。走行中のエネルギー消費やら酸素摂取量やらを調べられるようになったのは、測定機器が発達した比較的最近のことなのだが、そうなるずっと前から、競走馬はそうやって調教されてきたのだ。心肺機能の強化に必要なスピードが科学的に解明される前から、競走馬を強くするために「15－15」というスピードに意味があることを、調教師たちは知っていたのだ。

経験則というのは、本当にばかにできないもので、プロフェッショナルってすごい、と思うのはこんなときである。

なぜ馬は高地トレーニングをしないのか

心肺機能を強化するトレーニングと聞くと、多くの人は高地トレーニングを思い浮かべるのではないだろうか。標高の高い場所を拠点にして、陸上の長距離選手がよくやるトレーニングだ。

標高の高い場所は空気が薄く、酸素濃度も低い。そうした環境で運動に必要なだけの酸素を取り込もうとすると、低地に比べて心臓や肺に負担がかかる。必要な酸素を取り込もうと、心臓や肺が頑張るのだ。通常よりも高い負荷がかかることによって心肺機能が強化される、という理屈である。

その効果は馬にも同様に起こりうるものなのだが、競走馬が高地トレーニングをするとはとんと聞かない。なぜだろうか。

その理由はいくつか考えられる。

ひとつは経済的な理由である。人間の陸上選手が高地トレーニングをしようとしたら、宿泊施設もある高原のリゾート地に行き、ロードを走ればいい。が、競走馬ではそう簡単にはいかない。まず調教用のトラックを作らなければならない。本格的な調教であれば1周400メートルでは小さいので、陸上競技用のトラックより大きなものになる。もちろんトラックでなく、直線でも坂路でもいいのだが、少なくともタイムの計測くらいはできる設備はほしいところだ。馬場のメンテナンスも陸上競技以上にたいへんだ。そして馬が滞在するための厩舎も作らなければいけないし、人間用の宿舎もいる。

それだけの施設を作ろうとしたら巨額の投資が必要になるが、それに見合う効果があるかと言えば、それははなはだ疑問だと言わざるを得ない。人間の場合は（言葉は悪いが）かなりお手軽にできるのが高地トレーニングのメリットなのだが、馬ではそうはいかないのだ。

そしてもうひとつが競馬施行規程で定められた入厩期間とレースに臨む体制の問題である。中央競馬では、レースに出走する馬はレースの10日前（出走経験のない馬は15日前）に、JRAの厩舎（東西のトレーニングセンターや競馬場）に入厩しなければならないと決められている。

人間の場合でも、高地トレーニングはしばしばレースの直前に行われるが、これにはそれなりに、というかとても重要な理由がある。酸素の少ない高地に滞在して運動していると、少ない酸素をできるだけ体内に運び込もうと血液中の赤血球が増える。赤血球が増えたところで山を下り、まだ赤血球の多い、つまり酸素摂取能力が高い状態でレースに出場しようというわけだ。

しかし競走馬の場合、高地トレーニングをしたところでレースの10日前には低地にあるJRAの厩舎に入らなければならない。それに加えて、競馬では目標レースにぶっつけで挑むのはリスクが高いと考えられているので、その前にステップレースを挟むことになる。そんなことをしているうちに時間が経って、目標のレースに臨むときには赤血球も元の状態に戻ってしまうのだ。

ちなみにこの「赤血球数を増やして酸素摂取能力を高める」を人為的にするのが、血液ドーピングである。血液ドーピングをしようとする選手は、まず自分の血液を体から抜いて保存する。抜いた血液の分だけ赤血球は減るが、時間が経過すると新しい血液が作られて赤血球の数も戻る。そしてレース直前に、保存してあった血液を体内に戻して、赤血球の数を増やすのだ。

高地トレーニングは「たまたま標高の高いところでトレーニングをしたら、なんか自然に赤血球が増えたみたいです」というものなので不正ではないが、血液ドーピングは不正である。

血液ドーピングは薬物を摂取することで一時的に運動能力を高めたり筋肉を増強したりという薬物ドーピングと違い、採尿して薬物検査をすれば検出できるというものではないので、ドーピングの中でもかなりやっかいなものなのである。

それでも自転車のロードレースで有名なツール・ド・フランスなどでも、血液ドーピングが発覚して失格になる選手が時折出ている。血液ドーピングがどうして発覚するのかちょっと不思議な気がするのだが、たいていの場合は冷凍保存してある血液が見つかったりするようだ。ドーピングという不正手段を使おうとするわりには、詰めが甘いというか脇の甘い話である。

ところで、サラブレッドはこの血液ドーピングを自然にやっていると言われたらどうだろう。何だか変な話だが、実際にサラブレッドの体では、同じようなことが起きているのだ。

脾臓という臓器がある。これは血液の貯蔵庫とも言うべき臓器で、激しい運動をするときは通常の血液に加えて、脾臓に蓄えられた脾臓血が血管に流れ込む仕組みになっている。馬だけでなく牛や犬や人にもある臓器だが、サラブレッドはとにかくこの臓器が大きいのだ。それだけ大量の脾臓血が蓄えられていることになる。

さらに馬の脾臓血は赤血球成分がひじょうに濃く、普通の血液の2倍近い赤血球が含まれている。運動時にこの脾臓血が血管に流れ込むと、赤血球の数は50パーセントほど増えることになる。人間の場合、増えるのは10〜15パーセントと言われているので、運動時のサラブレッドは酸素摂取能力は通常時に比べて飛躍的に上がることになる。

自然に血液ドーピングをしているようなもの、というのはそういう意味である。

第四章

馬はどのように走っているか

馬は「走り方」を使い分ける

競馬場で馬を注意深く見ている人は、場所や状況によって馬の歩き方が違うことに気づくだろう。パドックでおとなしく周回しているとき、ちょっと興奮して小走りのようになっているとき、本馬場入場して返し馬に入るとき、そしてレース中と、馬たちはそれぞれ違う歩き方（走り方）をしている。

これらはただ速度が違うというだけではない。実は脚の運び、脚を前に出す順序が違うのだ。人間の場合は二足歩行で、通常は右足と左足を交互に出す以外にほぼ選択肢はない（あえて言うならスキップがあるくらいだ）からあまり意識することはないが、四足歩行する動物にはいろいろな運肢パターンが存在する。その運肢パターンが、馬が歩こうとするスピードによって変わってくるのである。

この脚の運びを「歩法」という。

「自分の脚を使って前方に移動する」つまり「歩く」方法だから「歩法」ということになる。これを指して「走法」と呼ぶ人も一部にいるのだが、走法と言ってしまうと、一般的に「ピッチ走法」だとか「前脚を掻き込むような走法」のように、脚の運びとは関係のない、走るときの特徴を指す言葉になってしまう。だからこの項の見出しも、本来は「馬は走り方を使い分ける」ではなく「歩き方を使い分ける」がふさわしいことになる。
その歩法だが、馬が使うのは大きく分けて次に挙げる4つのものになる。

常歩（なみあし）

文字どおり通常の歩き方で、パドックを落ち着いて周回しているときの、人間が見て「馬が歩いている」と感じる歩き方である。英語でも「walk（ウォーク）」と言うように、馬が歩くと言えば、この歩法だ。
脚が前に出る順序（正確には着地の順序）は、

（1）左後肢　（2）左前肢　（3）右後肢　（4）右前肢

となる。左右どちらかを後ろ、前と動かして、反対側でまた後ろ、前となる。この歩き方では、どんなに速く歩こうとしても、必ずどれかの脚は地面に着いているというのが特徴になる。

速歩（はやあし）

本馬場に入った馬が返し馬に入る前に見せる「小走り」のような歩き方がこれだ。パドックでも興奮した馬がたまに見せることがある。ウォーミングアップやクーリングダウンのときも、この歩き方をする。

主にウォーミングアップのとき速歩で歩くことを「ダクを踏む」と言うことがある。「ダク」とは馬術で速歩を指す英語の「rack」が訛《なま》ったものらしいのだが、ただ現在では英語で速歩のことは「trot（トロット）」という。トロッターという言葉を聞いたことがある人もいるだろうが、それは速歩を得意とする馬や品種のことだ。

速歩での運肢は、

（1）左後肢と右前肢が同時　（2）右後肢と左前肢が同時

となる。要するに、対角にある前後の脚をセットにして、交互に踏み出す歩き方だ。この歩き方では一完歩で2回、すべての脚が地面から離れることになる。そのため、外から見ても「走っている」感が出る。

競馬場で私たちが見る速歩は、対角線上の前後肢が同時に前に出るこの歩き方で、これをとくに「斜対歩（斜対速歩）」という。実は速歩にはもうひとつのパターンがあって、そちらの場合は、同じ側の前後肢を同時に動かすことになる。つまり、

（1）左後肢と左前肢が同時　（2）右後肢と右前肢が同時

になるわけだ。こちらは「側対歩（側対速歩）」と呼ばれるが、繋駕《けいが》速歩競馬などの限られた状況でしか使わない。

駈歩（かけあし）

「駆歩」とも書く。どちらの文字からもわかるように、ここからは人間の感覚でも「走っている」ように感じられる。駈歩のスピードは時速にして20キロメートルほどとされているので「軽く流して走っている」くらいだろうか。軽めの返し馬や放牧場を駆け回るときに使う歩法である。

運肢もこの駈歩からはやや複雑になってくる。

（1）左後肢　（2）左前肢と右後肢がほぼ同時　（3）右前肢　……A

という順になるのだが、（2）で左前肢と右後肢がほぼ同時になるため、3拍子になる。

「馬に乗るときは3拍子。1、2の3でお尻を上げる」などと言うが、これは駈歩の馬に乗るときのことだ。

常歩や速歩と大きく異なるのは、運肢が左右非対称になることだ。常歩では「右、右、左、左」、速歩では「右左、左右」と、左右どちらの脚から動かし始めても結局は同じ動きになった。ところが駈歩では、左右が逆になった

（1）右後肢　（2）右前肢と左後肢がほぼ同時　（3）左前肢　……B

という順番も存在することになる。

このとき、最後に着地する前脚のことを手前脚といい、右前肢が手前脚となるAを「右手前」、左前肢が手前脚となるBを「左手前」で走る、という。

一完歩で1回は脚が4本とも宙に浮く瞬間があり、また最大で3本の脚が地面に着く瞬間がある。英語では「canter（キャンター）」と呼ばれるが、その由来はイングランド国教会の総本山であるカンタベリー大聖堂（Canterbury）に向かう巡礼者が、馬をゆっくり走らせたことらしい。

襲歩

「しゅうほ」である。常歩、速歩、駈歩には和語っぽい読み方があるのだが、この襲歩にはそれがなく、普通に「しゅうほ」である。そのためかどうか、「しゅうほ」というより、英語で「gallop（ギャロップ）」と呼ばれる方が多いかもしれない。

駈歩がさらに速くなった歩法で、競走馬がレースで使うのはこの襲歩である。

襲歩の運肢は、

（1）左後肢　（2）右後肢　（3）左前肢　（4）右前肢

という4拍子の走り方になる。

駈歩では最大3肢が同時に着地するが、襲歩の場合、最大でも同時に着地するのは2肢までとなる。右手前と左手前があるのは駈歩と同様だ。

実は襲歩には別のバリエーションもあって、競走馬はレース中にそちらを使っても走る。ただ、それについてはかなり話が細かくなってしまうこともあって、後にあらためて触れることにする。

それにしても、どうして馬は4つも歩き方を持っているのだろう。というより、なぜ4つも

図4-1　馬の4種類の歩法

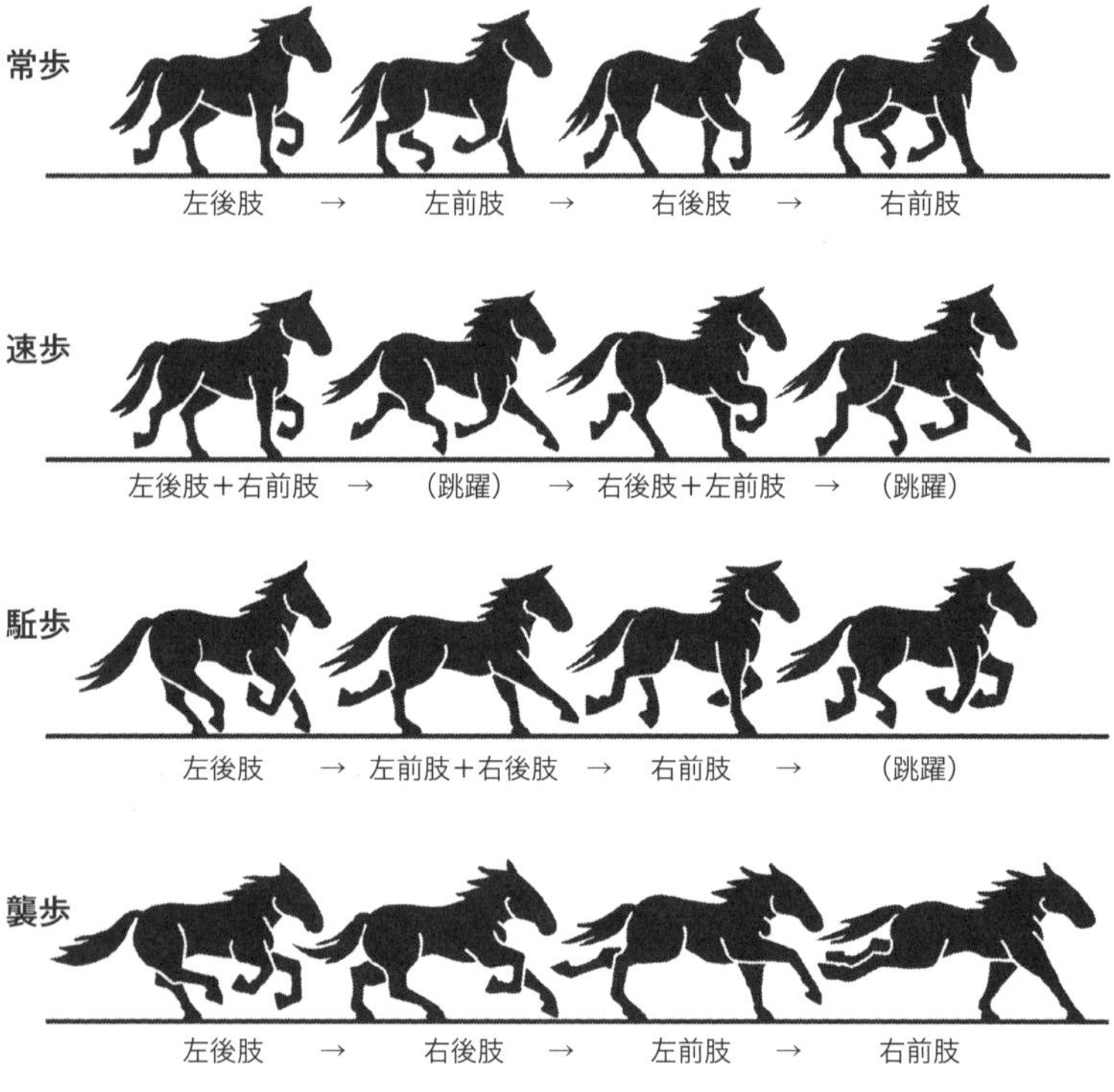

歩法を持つ必要があったのだろうか。

実はこれは馬に限った話ではない。この4つの歩法は、脊椎動物が進化の過程で徐々に獲得していったものなのだ。

まず、魚が泳ぐ様子を想像しよう。彼らは水の中で背骨を横に動かして、体をくねらせるように泳ぐ。その魚が陸に上がり、陸上を歩くことを始める。両生類の誕生だ。

陸に上がった魚（両生類）が移動しようとするとき、まずはそのまま「陸上を泳ぐ」ことになる。胸ビレ（これはやがて前肢になる）と腹ビレ（こちらは後肢になる）を地面に引っかけて、体をくねらせながら前に進むわけだ。

ヒレを脚に置き換えると、このときの脚の運びは左後肢—左前肢—右後肢—右前肢という順番で、これは常歩の歩き方そのものである。つまり、魚から両生類に進化したときに、脊椎動物はもっとも基本的な歩き方である常歩を獲得したのだ。

同じように、脊椎動物は進化のたびに新しい歩法を手に入れていく。爬虫類では速歩を、そして哺乳類になって駈歩と襲歩を発明する。新しい歩法を獲得してもそれ以前の歩法を捨てるわけではないので、哺乳類である馬や犬や猫はみな4つの歩法を使い分けているのだ。

これは二足歩行に移行した人間でも同じで、私たち人間も両生類の常歩を捨てたわけではない。幼児がハイハイしているところを観察するか、近くに幼児がいなければ四つん這いになって歩いてみてほしい。ちゃんと常歩の運肢で歩くはずである。

馬の膝はどこにある

馬の膝がどこにあるか、ご存じだろうか。

「脚のほぼ真ん中あたりにある関節のところ」と、たいていの人は答えてくれると思う。確かに前脚のその部分は「前膝《ぜんしつ》」と呼ばれている。

では、質問を少し変えてみよう。

馬の体の中で、人の膝にあたる部分はどこかご存じだろうか。

答えは「後脚の付け根のところ」である。では、後脚の真ん中あたりにあるものは何かということになるが、あの部分は飛節と呼ぶ。飛節は馬の体の部位では、比較的話題に上がる部分なので、聞いたことがある人もいるだろう。馬の形を見る相馬に際して「飛節の形が云々」などと言われるからだ。

この飛節は、人間の体でいうところの足首にあたる。その証拠に、この関節は前にしか折れ曲がらない。人の足首が後ろに折り曲がらないのと同じである。

ではその下にある、足首に見えるところは何か。ここは球節と呼ばれるところだが、人でいうところの指の関節である。ではその先にある蹄はどうかと言えば、これは中指の爪なのだ。

つまり馬は中指1本で立っている動物なのである。

前脚についても、事情は同じである。人でいう肘は前脚の根元、前膝は手首、球節は指の関節、蹄は中指の爪だ（図4－2）。

中指以外の指はどうなってしまったかというと、これは退化してなくなってしまったのだが、その痕跡は見ることができる。前膝の少し上の内側、それに飛節の内側に褐色の塊がある。この塊のことを夜目《よめ》とか附蟬《ふぜん》というが、これは退化した親指の痕跡だろうと言われている。

図4–2　人の手と馬の前脚の比較図

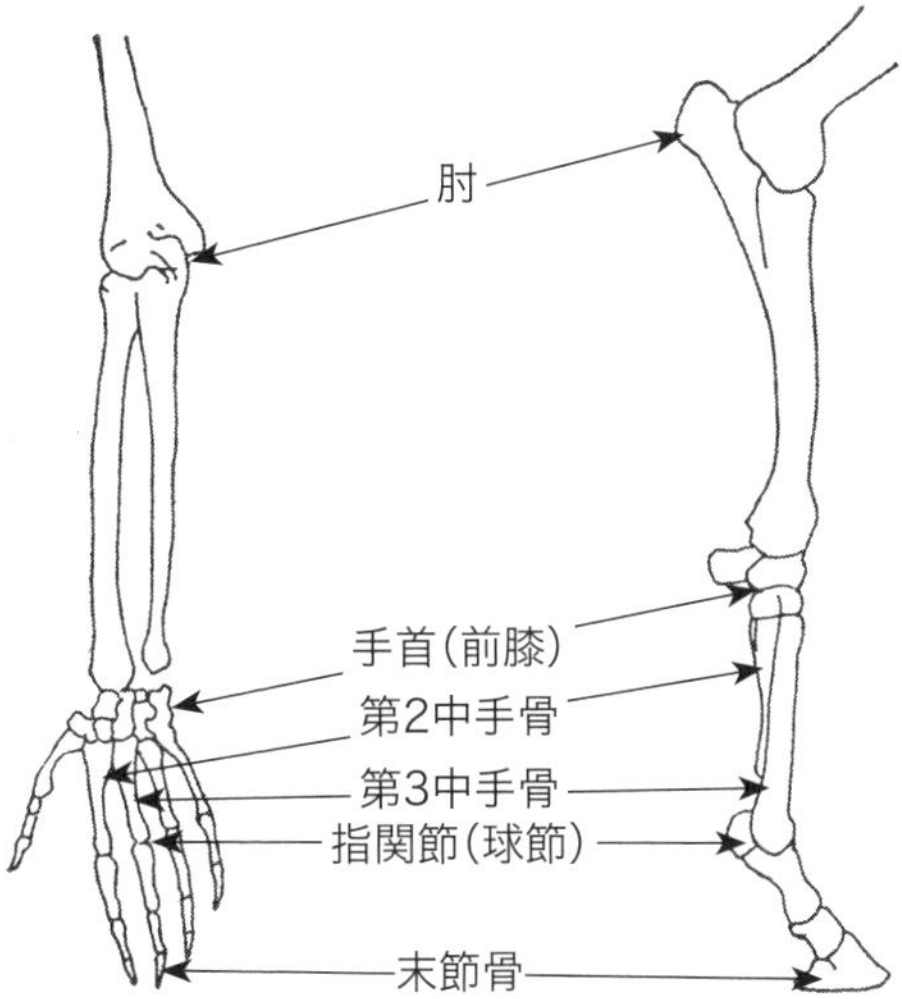

では肘から肩まで、膝から股関節まではどこに行ってしまったのかと思われるかもしれないが、心配は無用だ。人間のように外からそれと見えないが、ちゃんと胴体の中にある。

それにしても、私たち人間から見ると、中指1本で立つなどとは不自然きわまりない気がするのだが、どうしてこんなことになってしまったのだろう。

それは、馬がより速く走ろうとしたからだ、と考えられるのである。


しかし、速く走るために中指1本で立つというのも、不思議な話である。どうしてそういうことになるのだろう。

歩法はこう進化した

これは前述した歩法の進化と関係がある。

より速く歩く（走る）ことを目的とした歩法の進化は、方法論的には「ストライドを伸ばす」ことで速度を上げようとしてきた。とくに大きな変化が現れたのは、哺乳類の歩法、つまり駈歩と襲歩においてである。

駈歩が速歩までと違うのは、首を上下・前後に大きく動かすことで体全体を前後にうねらせるようになったところだ。それまでの常歩と速歩は魚の泳ぎ、すなわち体を「横にくねらせる」ことから出発していたが、横にくねらせるよりも、前後にうねらせた方が脚をより前に持っていくことができる。それだけストライドが伸びる理屈である。駈歩の誕生で、体全体の動きが左右から前後へ、大きく変わることになったのだ。

あらためて確認しておくと、駈歩の脚の運びは、

（1）左後肢　（2）左前肢と右後肢がほぼ同時　（3）右前肢

だが、ゆっくりめの駈歩をよく観察すると、（2）においてはわずかに左前肢が早く着地する。とすると、基本的な脚の運びは常歩や速歩の延長線上にあると考えていい。つまり体の動かし方は変わったが、運肢自体は速歩までの流れをくんでいることになる。

脚の運びが決定的に違ってくるのが、襲歩だ。

襲歩の基本的な考え方は、駈歩よりもさらにストライドを伸ばそうというもの。もう少し具体的に言うと、前脚と後脚の着地点をできる限り離す（つまり前脚をできる限り前方に着地させる）のである。

そこで採用された方法が、前脚をできるだけ前に持っていくために脊椎の伸展を利用する、というものだ。脊椎の伸展を利用する、というのを普通の言葉で言うと、背中の曲げ伸ばしで歩幅を広くするということになる。

背中の曲げ伸ばしとは、第二章で述べたチーターの走り方である。まず背中をぐっと丸め（「❨」）、続いて丸めた背中を思い切り伸ばす（「❩」）ことで、前脚をより遠くまで送るのである。

しかし草食動物である馬にはこれができなかったというのも、すでに説明したとおり。そこで、背中を軟らかくするかわりに、馬は脚そのものを長くしようとした。脚自体が長くなれば、それだけストライドも大きくなるからだ。

脚を長くするにはどうするか。私たち素人が考えると「骨を長くすればいいのでは」ということになる。それはそれで正しくて、実際に馬の骨もそれ以前より長くなっているそうなのだが、骨が長くなるには時間がかかる。何世代ではすまなくて、何十世代も何百世代も、もしかしたら何千世代もかけて進化していかなければならないのだ。

そこで手っ取り早く長くしようとすれば、爪先立ちすることになる。爪先で立てば、少なくとも見かけ上は脚が長くなる。そして爪先立ちをしながら何十世代か何百世代か何千世代か走っているうちに、脚の形状が変わってきた。肘（や膝）から手首（や足首）までの骨も長くなったけれど、それ以上に手首や足首から先、中指までが長くなったのだ。こういう表現が生物学的に正しいのかわからないのだが、進化の優先順位が指先に向かったという感じなのではないだろうか。

さて、中指一本で立つような苦労をして、馬はストライドを伸ばそうとしたのだが、それによって、運肢にも変化が生じた。

（1）左後肢　（2）左前肢と右後肢がほぼ同時　（3）右前肢

が駈歩の運肢だが、前肢をできるだけ前方に送るため、（2）に時間差ができたのだ。左前肢をずっと前に出そうとするために、右後肢が先に着地する。右後肢が着地してもなお、左前肢はもっと前に出そうと頑張るのである。

その結果、襲歩は（2）の右後肢と左前肢の順番が逆転して、

（1）左後肢　（2）右後肢　（3）左前肢　（4）右前肢

となった。これが、脊椎動物が手に入れた最速の歩法、襲歩なのである。

さて、走る速度を上げるには、ストライドを伸ばすほかにピッチを上げる方法もある（ちなみにこの「ピッチ」という言葉は日本特有の言葉で、外国で「ピッチ」と言っても通じないそうである）。

ピッチを上げる方向の工夫も、当然のように馬はしている。それが蹄だ。脚先を軽くして動かしやすくしているのである。

「手前」が走りに影響する

ということで、いよいよ、馬がレースでどう走っているか、である。

すでに書いたように、馬はレースでは襲歩を使って走っている。しかし、スタートからゴールまで、ただ闇雲に走っているわけではない。どこを走るか、そのときどきによって、走り方が違ってくるのだ。

例えばそれは、スタート時のちょっと特殊な走り方であったり、コーナーの曲がり方であったりするのだが、そのいずれにも密接に関係しているのが、襲歩が非対称の歩法であり、そのために「手前」が存在するということだ。

この「手前」という言葉は、やや誤解を招きやすい。誤解を招きやすいというか、わかりにくい。どうしてこんな言葉を使うことになったのか、実は私は疑問に感じている。この言葉を使い始めた人は、あまり言語感覚には優れていなかったのではないか、などとやつあたり気味に思うのだ。

そのわかりにくさは、とくに「手前脚」といったときに顕著なのだが、どっちの前脚かわからなくなったりするのだ。

「右手前」とは「右の手（前脚）が前（前方）になる」走り方である。しかし日本語には

「自分により近い場所にある」を意味する「手前」という言葉がある。と言うより、こちらの意味が本来の「手前」なので、頭は自然にそちらで考えてしまう。そうすると「右（の前脚）が手前（より近く）にある」という解釈になるのだが、もちろんこれでは反対だ。

この混乱を避けるためには、どちらが前とかの位置関係ではなく、着地の順番、つまり「最後に着地する前脚」が手前脚と覚えた方がいい。しかしそうなると、そもそも「手前」なんていう言葉を使う必要もないわけで……、とか考えてしまうのだが、まあ私がいくら文句をつけても言葉が変わるわけじゃなし、諦めるよりしかたがない。

さて、余計な話になってしまったが、その手前がレース中の走りになぜ影響を与えるのかを考えていこう。

襲歩で走るときに、もっとも基本的でなおかつ重要なのが「同じ手前で走り続けると疲れる」という事実である。なぜ疲れるのかを理解するために、それぞれの脚が担う役割を知っておこうと思う。

襲歩の場合、前に進む力＝推進力は後肢が、前に進む方向を決める舵取りの役目を前肢が担っている。さらに個別の脚について見ると、推進力としてより大きな力になるのは先に踏み切る脚であり、舵取り役で大きな役割を果たすのが最後に着地する脚、つまり手前脚になる。手前脚が踏み切った後、脚が４本とも地面を離れて馬の体は宙に浮く。宙に浮いている間は体の向きをコントロールできないから、その直前の手前脚が舵取りにおいてもっとも重要な役割を負うことになるのだ。

つまり、

（1）左後肢　（2）右後肢　（3）左前肢　（4）右前肢

という右手前の場合、左後肢と右前肢のふたつの脚にかかる負担が大きいことになる。言い換えると、この2本の脚が疲れるのだ。だから馬は走りながら、ときどき手前を入れ替える。入れ替えることで、4本の脚の負担を平均化するのである。

私たちが階段を上るとき、階段の奥行きと歩幅の関係で常に同じ側の脚で体を持ち上げることになってしまうことがある。登山道の階段などではよく経験することなのだが、そんなときは体を持ち上げる側の脚が疲れてしまうので、途中で脚を入れ替える人が多いのではないかと思う。それと同じである。

ところが右手前から一気に左手前に替えるのはとても難しい。そこで、このとき馬はどんな脚の運びをするかというと、

（1）左後肢　（2）右後肢　（3）左前肢　（4）右前肢　……　右手前
（5）左後肢　（6）右後肢　（7）右前肢　（8）左前肢　……　C
（9）右後肢　（10）左後肢　（11）右前肢　（12）左前肢　……　左手前

と、右手前と左手前の間にCのような動きを挟み込む。

実は、このCの動きは、襲歩の一形態なのである。これまで説明してきた襲歩の脚の運びを順に線で結ぶと、その線は交叉する（図4－3）。そこでこれを交叉襲歩（transverse gallop）と呼ぶ。単に襲歩といったときは、ほぼこの交叉襲歩を指す。本書でもここまで記述してきた襲歩は交叉襲歩のことだ。

Cについて同じように脚の運びを線で結ぶと、その線はぐるりと回転する。そこでこれを回転襲歩（rotary gallop）と呼ぶ。回転襲歩は重心の移動が大きく、エネルギーロスが大きいので（つまり疲れるので）、競走馬がレースでこれを使うのは手前交換ともうひとつの場面に限定される。回転襲歩のもうひとつの用途については後述する。

図4–3　手前変換時の脚の運び

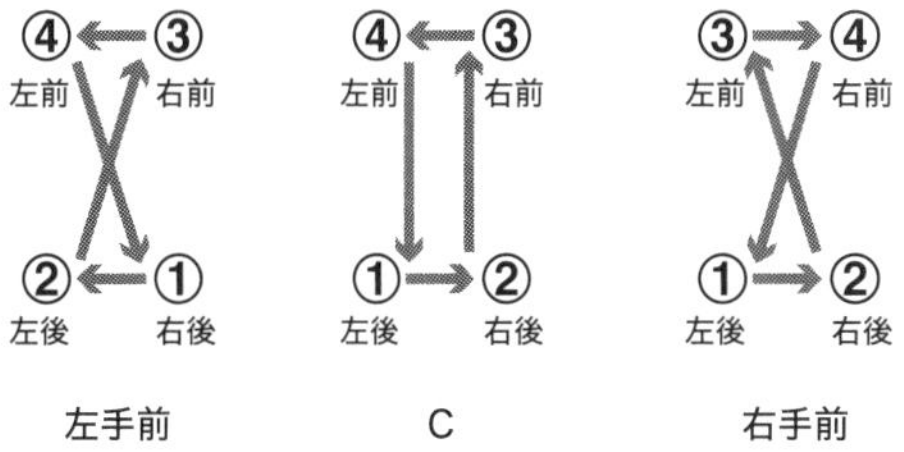

ちなみにこの手前変換は、基本的には馬が勝手に行うが、騎手が合図を出して替えさせる場合もある。

コーナーは回りやすい手前がある

新潟競馬場の1000メートルを除くと、日本の競馬場にはコーナーがつきものだが、このコーナーと手前にも密接な関係がある。

先ほど「より大きな推進力を出すのは先に踏み切る後肢、舵取りをするのは最後に着地する前肢」であると書いた。ということは右手前の場合、左後肢から右前肢に向かう方向に推進力が働いていることになる。馬の顔は進行方向右側に偏り、極端な言い方をするなら、右斜め前方に向かって走っている格好になるわけだ（図4－4）。

この状態でコーナーを回ろうとするとき、左に曲がるのがひじょうに困難だということは容易に理解できるだろう。体全体が右に向いているのに、それとは反対側に曲がらなければならないからだ。逆に言うと、この状態からは右にはとても曲がりやすい。つまり、右回りのコーナーを回るときは、右手前で走るとスムーズにコーナーを抜けることができるのである。

そのため馬たちは右コーナーを回るときには右手前で、左コーナーでは左手前で走る。そして、コーナーを抜けたところで（疲れたから）手前を替えるのが一般的だ。

２０１２年の阪神大賞典で、ある事件が起きた。圧倒的な1番人気に推されていたオルフェーヴルは、2周目の3コーナー手前で早くも先頭に立つ。

ああ、こりゃあ力が違いすぎるなという諦めと、だけどいくらオルフェーヴルでもこれはやりすぎではという疑問がないまぜになった不思議な気持ちで見ていると、オルフェーヴルの動きがちょっとおかしなことになっていった。進路が内ラチから離れ、外に向かっていってしまったのだ。騎手が手綱を引き、オルフェーヴルもほとんど走るのを止めようとする。

故障発生か、と見ている人の多くは思ったことだろう。ところが外ラチ付近まで行っていたオルフェーヴルは、そこから再び走り始める。すでにほかの出走馬は、はるか前方まで進んでいる。しかしその大きく遅れた最後方から、オルフェーヴルはまさに異次元といえる脚を見せて、あわやの2着に突っ込んできたという、伝説のレースである。

もっと言うと4コーナーを回って直線に向いたときには、オルフェーヴルが勝つかと思った。これで勝ったらそれこそとんでもない、ただの伝説ではすまないレースになるかと思われたのだが、ゴール前ではさすがに脚が止まっての2着。勝ってしまわないあたりがまたオルフェーヴルという、とても面白いレースだった。

この世紀の逸走の原因はいろいろ言われているが、結果的にオ

図4–4　右手前時の推進力の方向

ルフェーヴルは右回りのコーナーを左手前で走っていたのだ。そのためにうまく曲がることができず、外ラチ沿いまで飛んでいってしまったのである。「ただの手前替えの失敗？」と肩すかしを食らったような気分にさせられた。起きたこともすごいが、その原因がまたあまりに基本的なもので、事件をさらに味わい深いものにしたのである。

馬はどうやってゲートを出ているか

コーナーと並んで特殊な状況が、スタートである。

スタートで重要なことには出遅れない、あるいはフライングをしないというタイミングの問題もあるが、もうひとつは「まっすぐ出る」ことが挙げられる。狭いスターティングゲートの枠にぶつかったり、両隣の馬と接触したりすることのないよう、まっすぐ前に走り出したいのである。

しかし通常の交叉襲歩は、手前によって左右どちらかに力が向かってしまうから、枠や他馬と接触してしまう可能性はないとは言えない。

そこで思い出してほしいのが、回転襲歩である。

回転襲歩では、脚の運びが

（1）左後肢　（2）右後肢　（3）右前肢　（4）左前肢

となるので、最初の後肢（左後肢）から最後の前肢（左前肢）へと推進力の向きがまっすぐ前の方向になる（これは左手前の例だが、当然右手前でも同様になる）。左右のどちらかに体が傾くことがなく、まっすぐ走れるのだ。

この「まっすぐ走れる」のが、回転襲歩の特徴のひとつだ。そして「まっすぐ走れる」ことには、動物にとってとても重要な意味がある。

イヌ科やネコ科の捕食動物では、狩りをするときに獲物との距離を正確に計ることが必要になる。その距離が正確に摑《つか》めないと、襲いかかることができないからだ。だから距離を正確に計るために、彼らの目は顔の正面に並んでいる。ふたつの目を使った立体視をすることで、対象までの距離を摑むのだ。

立体視をするために両目でしっかりと獲物を捉えるには、獲物に対してまっすぐに向き合わなければならない。走りながら（追いかけながら）獲物とまっすぐに向き合うためには、まっすぐに走らなければならない。つまり狩りをするにはまっすぐに走れる回転襲歩が必要だったのである。だから捕食動物の襲歩は、この回転襲歩なのだ。

実は襲歩にはもうひとつのバリエーションとして、「ハーフバウンド」と呼ばれる走り方がある。両方の後肢を同時に踏み切る方法で、回転襲歩よりさらに推進力を上げたものだ。この場合も推進力はまっすぐ前に向く。陸上最速の動物・チーターのギャロップは、このハーフバウンドである。

すでに書いたように、回転襲歩やハーフバウンドはエネルギーロスが大きく、すぐに疲れてしまう。だから肉食動物は長い時間獲物を追い続けることができないのだ。長い間走ることができないから、走る距離を短くするために、彼らはできるだけ獲物に近づいてから襲いかかる。そっとそっと獲物に気づかれないように近づいて、一気に勝負を決めようとする。群れで狩りをするのも、1頭あたりの走行距離を短くするという意味合いがあるのかもしれない。

捕食者がそっと、できるだけ近くまで寄ってから突然襲ってくるからこそ、馬のような襲われる側の動物は、危険をいち早く察知するために視覚や聴覚を発達させ、危険を感じたらすぐに動ける筋肉を持つようになったのである。

さて、獲物に襲いかかるためにではないが、競走馬はまっすぐゲートを出るために、回転襲歩やハーフバウンドを使う。しかし、まっすぐに走らなければならない距離はそう長くないから、回転襲歩で何完歩か走ったあとに交叉襲歩に切り替えて、レースを続けることになるのだ。

スタート時に回転襲歩やハーフバウンドを使うのは、まっすぐ走るためだけではない。止まった状態（ゲート内に駐立した状態）から一気にトップスピードに持っていくのにも、推進力の強い回転襲歩、ハーフバウンドが有利なのである。

交叉か回転か、右か左か

ただし、すべての馬がスタート時に回転襲歩やハーフバウンドを使っているかというと、必ずしもそうではない。実際のレースで出走馬がスタート時に交叉襲歩を使ってゲートを出たか、回転襲歩を使ったかを、ＪＲＡ競走馬総合研究所が調べている。

中山競馬場と東京競馬場で行った調査の結果、回転襲歩と交叉襲歩の割合は、ほぼ半々だったという。この調査結果を聞いたとき、私はちょっと驚いた。「競走馬はスタートでは回転襲歩を使う」と聞き、その理由を説明されると、当然すべての馬がそうするものだと思い込んでしまうのである。つくづく思い込みというのはやっかいなものだと思う。いくら気をつけているつもりでも、間違えてしまうのだ。

さて、なぜすべての馬が回転襲歩で出るわけではないのか、その理由はいくつか推測することができる。

やはり、エネルギーロスが嫌われることはあるだろう。エネルギーロスが嫌われる、などと言うとなんだかもっともらしいが、馬にとってみれば「疲れない方がいい」という当たり前のことになる。貴重な無酸素エネルギーをできるだけ温存するという、きわめてまっとうな考え方だ。

回転襲歩にする必要を感じない、という馬もいることだろう。ほんの数完歩のことであれば、交叉襲歩でもまっすぐ走れる、ゲートの枠や隣の馬にぶつかる不安がないというのならば、あえて回転襲歩にする必要はないわけだ。

さらに、これはとくに行きたがる馬の場合だが、できるだけそっと出たいという騎手の思惑も関係していると思われる。ハーフバウンドで勢いよく飛び出して、そのまま行ったきりになるのは避けたい。ロケットスタートをする必要はないので、そっとゲートを出て、落ち着いたまま馬群の後ろにつけたい。そう考えた騎手が交叉襲歩を選ぶのは、これまた至極当然だ。

もちろん、何がなんでも先手を取ってハナを切りたい馬は、推進力の強いハーフバウンドで出るだろう。一完歩目をどう出るかから、すでにレースは始まっているわけだ。

この調査では同時に「どちらの手前でスタートしているか」も調べている。左回りの東京と右回りの中山で、スタート時の手前脚に差があるかどうかは、なかなか興味を惹かれる問題だ。

そこでわかったのは、左回りの東京競馬場では、右手前でスタートした馬がおよそ6割で左手前がおよそ4割、右回りの中山ではちょうど反対になって右手前がおよそ4割、左手前がおよそ6割だった。おそらく最初のコーナーに入る前に手前変換をすることを見越して、それとは反対の手前でスタートを切る馬が多いのだろう。

しかし、そのわりには東京も中山も極端な差がないが、これはスタート地点によって最初のコーナーまでの距離に違いがあるためだと思われる。このデータではレースの距離、つまりスタート地点の違いを考慮していないが、コーナーまでの距離が短いレースでは、最初からコーナーを回る方の手前でスタートするケースがあると考えられる。

ラストスパートでは呼吸をしない？

スタートをどう出るかから始まって、道中の位置取り、ペース、仕掛けどころと、見ている人間にとっても気の抜けない時間が続くのが競馬の面白さだが、それでもやはりいちばん力が入るのは、最後の直線の攻防なのは間違いない。

陸上競技を見ていて感じるのは、ゴール前の何メートルかは、選手たちの表情が必死の形相に変わる。まるでそのときは、呼吸も止めているのではないかと思うほどだ。

そう感じる人はかなり多いらしく、馬もゴール前は息を止めているのかという疑問を聞くことが多い。「馬も」というと人間は息を止めていると決めつけているかのようだが、少なくとも人間は自分の呼吸をコントロールすることができる。

呼吸の基本的なスタイルは「吸って」「吐く」だが、持久走のときは2回ずつにした方がいいと言われることもあって、走るときに「吸って」「吸って」「吐いて」「吐く」ようなことを、私たちは普通にしている。ところが、馬にはこれができない。

馬の呼吸は、駈歩や襲歩で走るときは基本的に「一完歩に1回」なのだ。体の構造や走り方から、必然的にそうなってしまうと考えられている。

馬が走っているときは、手前脚を踏み切って空中に浮かぶあたりで息を吸う。そして、両後脚に続いて反手前脚（手前脚とは反対側の前脚）が着地するあたりで息を吐く。この繰り返しなのだ。

馬が走る速度というのは常に一定ではなくて、細かな時間単位で見ると微妙に変化している。反手前脚が着地するときに減速して、手前脚が踏み切るときに加速するのだ。

減速するとどうなるかと言えば、胃腸や肝臓などの臓器が慣性で前に動く。それによって横隔膜が押されて、肺から空気が押し出される。つまり息を吐くわけだ。

そして次に手前脚が踏み切って加速されると内臓も後ろに移動して、今度は横隔膜が後ろに引かれる。すると今度は肺に空気が送り込まれる、息を吸う、ということになる。

このメカニズムは内臓ピストン説と呼ばれていて「一完歩に呼吸1回」の理由のひとつと考えられている。が、これだけですべてが説明できるというわけではないらしい。

ただ、馬に乗る人の中には、

「馬はときどき『フー』と長い息をすることがある」

と言う人もいる。どんなときかと尋ねると「いや、よくわからないがときどき」といった答えが返ってくるのだが、ノド鳴り[*3]の馬では二完歩で1回の呼吸になることもあることはわかっているそうだ。

ということで、ゴール前のラストスパートで息を止めることはないのだが、では馬はレース中に息を止めることがないのかというと、そうでもない。スタート直後の数完歩や障害レースでのジャンプ時には息を止めるということだ。

＊3　喘鳴症のこと。喉頭部の神経が麻痺して喉が充分に開かず、呼気の際に「ヒューヒュー」「ゼイゼイ」といった異常な呼吸音を発する。重症の場合は呼吸困難に陥る。呼吸が充分できないため、競走能力に影響をきたす。

ディープインパクトの走りを分析する

では、実際に走る馬、強い馬はどんな走り方をしているのか、ほかの馬とはどこが違うのかといったところが気になってくる。

これについてもJRA競走馬総合研究所がとても興味深い研究をしているので紹介しよう。ディープインパクトの走り方を分析しているのだ。

ＪＲＡ競走馬総合研究所では、ディープインパクトが優勝した２００５年の菊花賞における、ゴール前１００メートル付近での各出走馬のピッチとストライドを調査した。

このときのディープインパクトのピッチは１秒あたり２・36回。カウントできた出走馬の中で3位だった（出走馬の平均は２・28回／秒）。一方、ストライドは７・54メートルで１位（出走馬平均７・08メートル）だった。

ピッチ、ストライドともに上位ではあるのだが、とくにストライドは平均値と比較しても図抜けている。ディープインパクトの速さの秘密は、彼のストライドにあるということができる。

このディープインパクトのストライドについて、もう少し詳細に分析してみる。

襲歩における脚の運び、着地する順番は、例えば右手前の場合は以下のようになる。


左後肢─①─右後肢─②─左前肢─③─右前肢─④─（左後肢─）


つまり馬の一完歩は①〜④までの４つに分解することができるわけだが、この①〜④の距離をまとめたのが図４‐５だ。

ここで目立つのが、②の右後肢─左前肢間の距離だ。ディープインパクトはここが２・16メートルと、平均値に比べて10パーセント以上も長い。

図4–5　後肢間、手前後肢ー反手前前肢間、前肢間および浮遊期に進んだ距離の比較

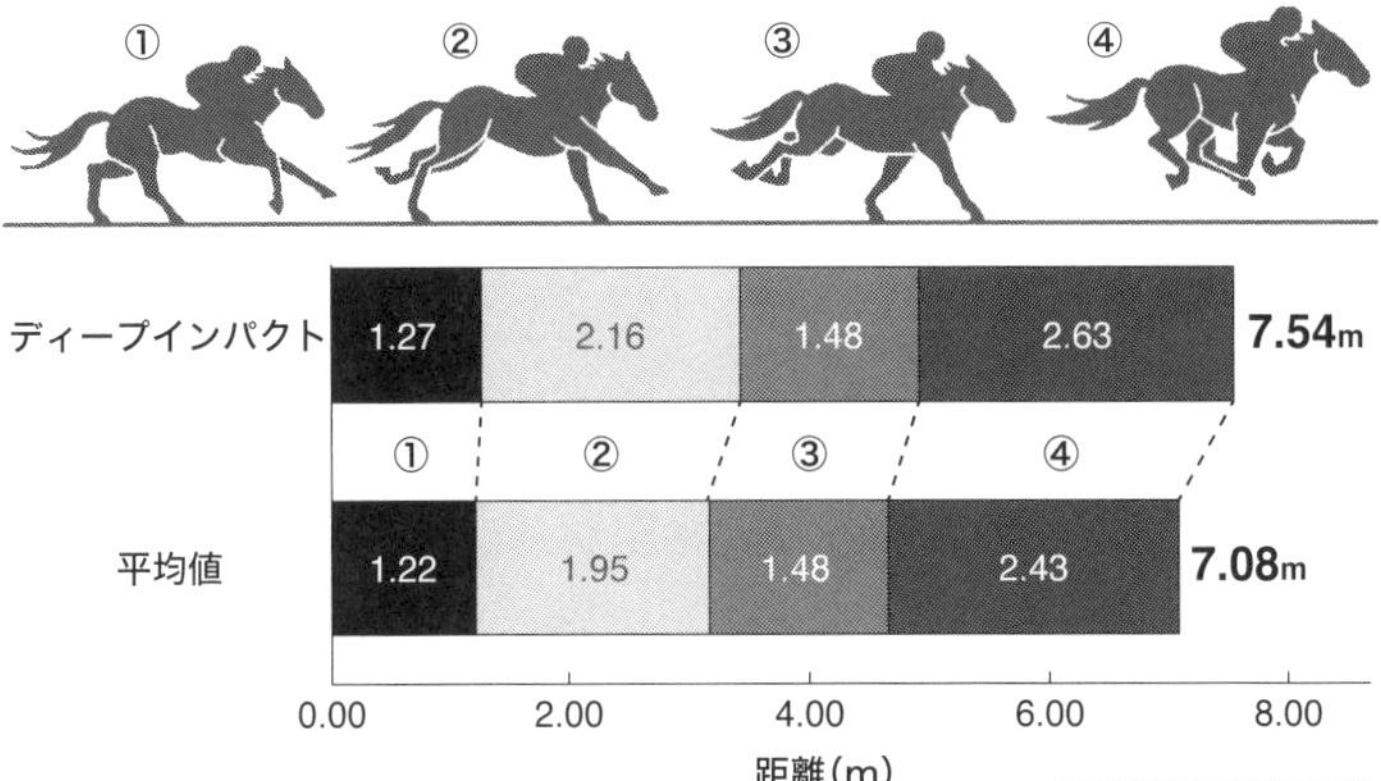

（JRA 競走馬総合研究所）

さらにディープインパクトと他馬の値が大きく異なっているのが④の部分、右前肢を踏み切ってから左後肢が着地するまでの間だ。ここはどの脚も地面についていない状態になるから、言ってみれば「飛んでいる」のだが、この④の距離もディープインパクトは他馬に比べて8パーセント以上長い。武豊騎手はディープインパクトの走りを指して「空を飛んでいる」と評したが、このことを言っているのだろうか。

しかし、この部分については「あまり意味はない」とＪＲＡ競走馬総合研究所の高橋敏之氏は言う。宙に浮いているから加速はできず、むしろ空気抵抗などで減速してしまうというのだ。

高橋氏によれば、ここはあまり浮かばずに、できるだけ低く、距離も短くしたいところなのだという。そしてディープインパクト自身はそんな感覚で走っ

ディープインパクト。後肢を踏み切り、もっとも推進力が出ているところ

ているのだろうが、②での加速が大きいためもあって、結果的に距離が長くなっているのではないかとのことである。

ストライドが長いというのは、それだけ後脚が生み出す推進力が大きいことを意味しているが、ディープインパクトの推進力が大きいのはなぜだろうか。

高橋氏が注目するのは、ディープインパクトの腰の柔軟さだ。これを理解するために、またしてもチーターに登場してもらうことにする。

先ほどの襲歩を分解した④のところで、チーターは背骨をぐっと曲げる。そして背骨を曲げることで後肢を可能な限り前方まで運ぶ。そして後肢を着地させて前肢を伸ばすとき、丸めた背骨を今度は思い切り伸ばす。これによって前肢をより前に運ぶことができるというわけだ。こうしてチーターはひじょうに大きなストライドを獲得しているのだ。

これと同じことを馬にやれというのは無理な話なのだが、チーターほどでなくとも、走るときにできるだけ後肢を前に振り出すことができれば、それだけ有利になるのは間違いない。そしてディープインパクトは、ほかの馬たちと比較すると、後肢をずっと前に振り出すことができるのだ。これができるのは、ディープインパクトの腰がやわらかいからだというのである。

この後肢の振り出しの大きさが、後肢の推進力の源になる。

これを理解するのには、自転車に跨がり、脚で地面を蹴って進むことを考えればわかりやすい。脚を地面に置いた状態で蹴るよりも、脚をいったん前方に持ち上げて、振り下ろす（振り戻す）勢いを使った方がずっと速く前に進むことができる。大きな推進力を得ることができるわけだ。

これを踏まえて、馬の走りの推進力を考えてみる。

後肢を前に振り出して、後肢がもっとも前になったところで着地させるとしよう。これは「地面に脚を置いた状態で蹴る」のと同じことになる。もっとも前で着地するということは振り戻しの余地がないからだ。したがって振り戻しの勢いがないから、推進力はさほど大きなものにならない。むしろ後肢が後ろから前に動いてきたのが地面によって止められる格好になり、逆にブレーキをかけたのと同じ状態になってしまう。

それよりも後肢をより前方に振り出して、振り戻しながら地面を蹴る方が、はるかに大きな推進力を得られるだろう。実にディープインパクトの走りがそれなのだ。

ディープインパクトは後肢をほかの馬たちより前方まで振り出しているが、その後肢が着地する位置はあまり変わらないことがわかった。つまり、それだけ振り戻している距離が長い。すなわち、より大きな推進力を生み出せるわけだ。

馬が走る速さについては、単純な筋力（筋量）だけでなく、「走り方」が大きく関与しているだろうことが、よくわかる話である。

ディープインパクトの強さの理由は、これだけではないだろう。ほかにもたくさん、それこそ数え上げれば山のようにあるのだろうが、少なくともその一端には触れられたのではないだろうか。

第五章
馬はどんなところを走っているか

東京の茶色い芝

ジャパンカップや有馬記念はかつて、茶色い芝の上で行われていた。

そう言われてもピンとこない人の方がもはや多いのかもしれない。そもそも「茶色い芝」がわからないかもしれない。

もともと日本の競馬場（の芝コース）では野芝という芝が使われていた。この野芝は匍匐茎《ほふく》といって地面と平行に茎が伸び、その匍匐茎の節から芽が伸びてくるという構造になっている。つまり匍匐茎によって横につながっているわけで、馬に踏まれたり蹄に引っかけられたりしても簡単には剝《は》げない。剝げたとしても匍匐茎からまた新たに生えてくるという、馬場にはもってこいの芝なのだ。

ところが問題もあって、それは冬になると枯れてしまうこと。暖地型、つまり暖かい場所に適した品種なので、寒くなると枯れるのだ。そのためジャパンカップや有馬記念のころにはすっかり「茶色の芝」になっていたのである。競馬場だけでなくサッカーグラウンドなどにもこの野芝は使われていたから、元日に行われる天皇杯決勝戦も昔は茶色のグラウンドだったのだ。

この「茶色い芝」に驚いたのが、ジャパンカップで来日したヨーロッパの関係者である。東京競馬場を案内したＪＲＡの職員に向かって、

「で、芝コースはどこですか？」

と尋ねたとか、

「うちの馬を枯れ草の上で走らせようというのか」

と怒ったとかいう話がある。本当に怒った人がいたのかはわからないが、彼らが驚いたのは間違いないようだ。

驚いたり怒ったりしたのは、ヨーロッパの芝はこの季節でも緑を保っているからなのだが、なぜそれほどの違いが生まれるのだろう。

その理由は、ヨーロッパの競馬場は冬になっても緑を保つ寒地型の洋芝を使っているからだ。

ではなぜ日本で洋芝を使わないかといえば、それは単純に気候の違いだ。何となくロンドンやパリも東京と同じくらいの緯度なのではというイメージがあるのだが、ヨーロッパの都市は日本と比べるととても北にある。

ロンドンもパリも緯度の比較では札幌よりも北で、東京よりモスクワにずっと近いのだ。洋芝というのはこういう場所に適した芝で、日本の夏は暑くて生きられない。だから日本ではこの洋芝を使っていなかったのだ。

同じ芝のコースであっても、ヨーロッパのものと日本のそれとでは、大きな違いがある。コースの色（芝の種類）は一目でわかる違いだが、地面からの生え方（洋芝は匍匐茎のある品種ではない）やら葉の硬さやら、走り心地もかなり違うことだろう。

そもそも素材の違いだけではなく、コースに対する考え方自体が違うのだ。という言い方をすると、競馬後進国たる日本の馬場に対する意識が遅れていて、ちゃんと整備できていないかのような印象を与えてしまうかもしれないが、そうではない。

実のところ、これはヨーロッパ（とくにイギリス）と日本だけの違いではない。イギリスとアメリカ、そしてその両国の影響を受けた日本には、競馬場やコースの作り自体に違いが見られるのだ。そしてその違いは、競馬だけでなくスポーツというものに対するそれぞれの国の考え方に由来している。

イギリス的なるもの、アメリカ的なるもの

イギリスという国には、何につけ自然に近い状態をよしとする気風がある。

例えばゴルフコースにしても、傾斜を人工的にならしたりしない、もともとの地形を残したものになっている。またラフには自然の植物が生えていたりと、言ってみれば野っ原でするのに近いコース作りになっている。テレビで全英オープンの中継を見て、世界一の大会をこんなところでやっているのかと驚いた人もいるのではないだろうか（私はとても驚いた）。

そしてこの「自然を最大限に生かす」のは競馬でも同じで、そのためコースの形もオーバル

（楕円形）のトラックではなく、不定形のものが多い。土地の傾斜もそのまま残すので、コースにはかなりの高低差が存在する。

一方のアメリカは人工的に整備されたものが多い。競馬場は小回りのオーバルトラックで、レースの一部始終を観客が見ることができる。また、コースは概ね平坦だ。

この違いは、馬場素材についても同様のことが言える。

イギリスのコースは自然に近い。芝コースといっても、人工的に整備された芝ではないのだ。どちらかというと野っ原に近いのである。そこに生えているのは芝（ターフ）というよりは「草（グラス）」なのだ。

草というのはとても生命力の強いものだ。アスファルトの裂け目やコンクリートの角から顔を出す草を見て、どうしてこんなところから生えるのだろうと感心したことがある人は少なくないはずだ。彼らは、種を播《ま》いたわけでもないのに、自然に（？）生えてくる。猫の額よりも狭いわが家の庭にも、どうしてこんなにと思うくらいの雑草が生えてくる。

競馬場の馬場でも同じである。イギリスのエプソム競馬場もフランスのロンシャン競馬場も、ペレニアルライグラスという洋芝を使っているそうだが、それ以外の雑草（厳密に言うと雑草という草はないので、ほかの何らかの草）も自然に生えてくる。日本では律儀にできるだけ引き抜くそうなのだが、ヨーロッパの人たちがそんなことをするとは思えない。馬場の担当者に

「芝の種類は何ですか?」と聞けば「ペレニアルライグラスです」という答えが返ってくるだろうが、実際はどうだろう。騎手などに聞くとかなりワイルドなのだという。

だからといって、あちらの馬場担当者の怠慢というわけではない。ヨーロッパの感覚では、馬場というのは「そういうもの」で、もっと言ってしまえば「そうあるべきもの」なのだろう。それが彼らの思想であり哲学である、ということなのだろうと思う。

対するアメリカのコースは、主にダートコースである。日本のダートコースと違って、本来の意味でのダート（土・泥）のコースである。土のコースというと、ろくに整備せずに放っておいているように思えるかもしれないが、違うのだ。コースの表面は掘り返されて軟らかくしてあるし、レースの合間にはハロー（というよりトンボのようなものだが）もかける。イギリスの芝コースより、よほど手をかけているのである（と言ってしまうとイギリスの馬場担当者が怒るかもしれないが）。

この両国の「自然」と「人の手」の違いは、それが如実に現れている例として、フットボールを考えればわかりやすいかもしれない。

イギリス発祥のフットボールは、サッカーにせよラグビーにせよ、攻撃側と守備側を明確に分けることはない。攻撃と守備は流れの中で常に入れ替わり、出場している11人もしくは15人の全員が攻撃もすれば守備もする。試合時間は決まっているが、ワンプレーごとに計時することはない。最後に時間を追加することはあるが、それも主審の裁量で決まるから、いつ試合が終わるかを知っているのは主審ただひとりである（これについては、ラグビーはルールが変更されているが）。

そもそもサッカーもラグビーも、もともとは選手の途中交代すら認めていなかったし、ラグビーは現在でもヘッドコーチ（監督）はスタンド観戦だ。基本的には口出しできないのである（これも技術の発達でちょっと事情は変わっているが、もともとの考え方ではそうなる）。試合が始まったら自然の流れに任せ、あとから人の手が入ることを極力避けたルールになっているわけだ。ただ、それだけにある種の曖昧さは不可避であって、その曖昧さが問題になることはあるのだが。

対照的にアメリカンフットボールは、攻撃側と守備側がはっきり分かれていて、同じチーム内でも攻撃と守備で選手がまったく変わる。それどころか選手のポジションによって可能なプレー、認められるプレーが規定されている。攻撃の機会も4回までと決められ、ワンプレーごとに区切られ、止められる。規定の10ヤード前進できたかどうかはメジャーできっちり計測される。試合時間も細かく計時され、試合終了のタイミングは観客全員が共有できる（だから、カウントダウンが起きたりもする）。

つまり、アメリカは人が積極的に関与することで、曖昧さを極力排除するのである。移民国家、多民族国家であるアメリカが国家を運営していくためには、多くの民族、多様な価値観を持った人たちが価値を共有できる「わかりやすさ」こそが必要だったわけだ。

「芝＝スピード」という誤解

さて、イギリスとアメリカの競馬の違い、とくにコース形状や馬場素材に由来する違いについては、いろいろなところで指摘されているのだが、そこには疑問に感じられるものも少なくない。

例えば、ある地方競馬場の公式サイトには、世界の競馬には大きく分けてイギリス様式とアメリカ様式のふたつの様式があり、イギリス様式は芝コースが中心でスピードを競う。アメリカ様式はダートコースが中心でパワーを競う、といった趣旨の記述がある。こうした説明はしばしば目にすることができる。

が、馬場の構造を検討し、また実際に騎乗した騎手の証言などもあわせて考えると、これは正しいとは言えないのだ。

イギリスの芝コースは、すでに書いたように自然の地形をベースにしていて、起伏もある。ダービーやオークスが行われるエプソム競馬場などは、コースの途中で約42メートル上り、その後約30メートル下る。そして最後はまた坂を上ってゴールとなるのだが、それだけ大きな高

英ニューマーケット競馬場ジュライコース。丘を駆け下りるようなコースになっている

低差があるのだ。

芝自体の問題もある。ヨーロッパで使われている洋芝は、野芝と比較しても重いのだという。これは洋芝が野芝より多く水分を含んでいるためだと考えられる。また野芝は匍匐茎が蹄にかかって走りやすいという面があるのに対して、ひっかかりのない洋芝はより力がいるだろうと考えられている。さらにすでに書いたように、芝以外の植物が混在していたり、路盤もでこぼこしていたりと、走るのにはとても力がいる馬場なのだ。

コース形状、馬場素材のいずれを考えても、とてもスピードを競うようなレースにはならない。むしろパワーやスタミナが要求されるレースなのである。

一方のアメリカのダートコースは、これまたすでに書いたように、日本のダートコースとはまったく別のものだ（実は日本のダートコースにかなり近い競馬場もあるのだが、主要なレースが行われる競馬場は、日本のダートとはまったく違う構造になっている）。日本のダートコースは本来的には「サンド（砂）コース」とも呼ぶべきものなのである。

日本のダートコースは、ざっくりした説明になるが、土の路盤の上にクッション砂を載せた二重構造になっている（細かなことを言えばその下に礫《れき》の層があったりするのだが、これらは水捌《は》けのためのもので、馬の走りには直接関係しない）。

ところが、アメリカのダートコースは、どこまでも同じ土があるだけだ。表面だけ、クッションのために掘り返して軟らかくしてあるが、それだけである。かなり乱暴な言い方になるのだが、言ってみればこれは「芝を張っていない芝コース」なのだ。

さて、ここで考えていただきたいのだが、草ぼうぼうの荒地のコースと整地された土のコースとでは、どちらがスピードが出るだろうか。私たち自身が走るときでもいいのだが、どちらが楽に、速く走れるか。脚にかかる負担や走っていての気持ちよさなどはひとまず考慮しないで、単純に速く走ることだけを考えるなら、答えは整地された土のコースだろう。アメリカにも芝コースはあるが、スピードタイプの馬はむしろダートのレースに出走するとされる。が、

ヨーロッパのコースは芝が深い。また、芝コースにもかかわらず土が大量に飛び散る（仏ナント競馬場）

それも理由のないことではない。ダートの方が速く走れるのだ。

アメリカの競馬場は全体に平坦で、しかもレース距離もヨーロッパに比べて短中距離のものが多い。つまり、ヨーロッパよりむしろアメリカ競馬こそが、スピードを求めたものであると考えられるのだ。

では、我が日本はどうか。日本にいわゆる近代競馬を持ち込んだのがイギリス人であること、とくに戦後あらゆる面で日本に大きな影響を与えたのがアメリカであることを考えると当然なのかもしれないが、これが見事に両国の折衷型なのである。

コース形態は、アメリカのような完全なオーバルトラックとは限らないが、それでも周回できるトラックコースで、観客がレースの一部始終を見られるようにはなっている。多少の高低差はあるが、ヨーロッパほど極端なものではない。

馬場素材についてはイギリスのように芝が主体だが、しかしそれにはかなり手が入れられ、よく整備されている。定期的に芝の長さは整えられ、芝の種類も含めてしっかりと管理されている。コースの内側は使用頻度や馬場の傷み具合によって移動柵を使って調整もする。至れり尽くせりの、ひじょうに走りやすい馬場なのである。

こう書いていくと、日本の芝コースはヨーロッパの芝コースよりむしろ、アメリカのダート（芝を張っていない芝コース）により近いのではないかと思えてくる。

往年の名騎手であった岡部幸雄氏から、日本の馬が海外遠征するのならヨーロッパよりもアメリカの方がいいと聞いたことがある。適応が簡単だというのである。日本の競走馬のほとんどはアメリカのダートにはすぐに対応できるだろう、日本の芝コースとアメリカのダートは似ているからだ、と岡部氏は言う。実はさきほど使った「アメリカのダートは芝を張っていない芝コース」という表現は、岡部氏の言葉なのだ。また氏は、ヨーロッパの芝コースに適応するのは簡単ではない、とも言った。日本の芝とヨーロッパの芝は、完全に別のものと考えるべきだというのである。

それほど、ヨーロッパの芝と日本の芝は違う。初めて東京競馬場の茶色い芝コースを見たヨーロッパの関係者が驚いたのは、無理のないことだったのだ。

年間通して緑の馬場に

さて、話は戻ってジャパンカップである。

初めて参戦するイギリスの関係者からＪＲＡに対して要望（あるいはクレーム）が出た。

「この馬場は硬すぎる。水を撒《ま》け」

というものだった。この関係者は、ちゃんと対応しなければ出走を取りやめる、とまで言ったとされる。ＪＲＡにとっては数多くの苦難を乗り越えてようやく軌道に乗ってきたジャパンカップである。馬場を理由に回避する馬が出てしまったら、翌年以降の出走馬の招待に影響するし、最悪の場合レースの存続すら危うくなるかもしれない。出走を取りやめる馬など出ないにこしたことはないわけで、さぞ困惑したことだろうと思う。

ただ、この「水を撒け」と言った関係者は、イギリス本国でもレースのたびに同じことを言っている人だという話があった。重い馬場が得意な自分の馬に有利になるような働きかけを、いつもしている人だったというのだ。もっとも、この人の所有馬がすべて重い馬場が得意というのも考えにくい話なので、ただ自分の存在をアピールしたいタイプの人だったのかもしれない。

その話の真偽は定かではないのだが、いずれにしてもこのエピソードが報道されたことで、日本のファンに枯れた芝でレースをすることへの抵抗感が生まれ、また「日本の馬場はイギリス人が怒り出すほど硬く、危険である」というイメージができあがってしまったのは確かなことであった。

枯れた芝の上でレースをすることがいいのかどうか、日本の芝が硬くて危険なのかどうかは別にして、それまで日本の競馬ファンが考えもしなかった問題をこのエピソードは表面化させたわけで、その意味でもジャパンカップは「黒船」であった。

馬場の改良がＪＲＡに課せられた新たな課題になったわけだが、それに対してまずＪＲＡが行ったのが、芝の通年緑化を目指した研究である。ようするに、冬でも緑の芝コースでレースができるようにするということだ。その方法は、暖地型の野芝（それまで芝コースで使っていた芝）の上にヨーロッパの競馬場が使っているような寒地型の洋芝の種を播くオーバーシードという方法である。

まだ野芝が緑色を保っている秋口に、洋芝の種を播く。このオーバーシードに採用されているのはイタリアンライグラスという洋芝なのだが、これはひじょうに成長が早いのが特徴の一年草だ。このイタリアンライグラスがあっという間に育って、野芝が枯れても馬場を緑に保ってくれるのだ。

そして翌年の初夏になると今度はまた野芝が育つので、今度はイタリアンライグラスから野芝に切り替える。この2種類の芝を入れ替えることで、通年で緑の芝コースが実現するというわけである。

ただ、この洋芝から野芝への切り替えは簡単ではない。野芝が生育するために必要な日照が洋芝のために制限されてしまうという、オーバーシードでは宿命的な問題があるからだ。洋芝を消す（実は洋芝から野芝への切り替えにあたっては、洋芝を人為的に「消す」ことになる）時期になっても、野芝が充分に育っていないことがままあるのだ。

このオーバーシード方式は、現在では競馬場以外の施設にも広く採用されているのだが、この切り替えの難しさはどの施設も感じているようだ。

何年か前には、東京の味の素スタジアムで野芝の生育が遅れ、洋芝が消えたあとは見るも無惨なまだら状態になったことがある。このときは同スタジアムを本拠にするJ1のFC東京が、ホームグラウンドの移転をちらつかせて、スタジアムに改善を迫るという一幕があった。

それを受けて味の素スタジアムはスプリンクラーの増設などの対策を行ったのだが、現在FC東京のホームゲームでは試合前に増設されたスプリンクラーをフル稼働させて、親のかたきかと思うほど大量の散水をしている。そのくせ試合中はFC東京の選手ばかりがツルツルと滑っていて、いったい何のための散水で、ホームアドバンテージとはなんなのかと思ってしまうのだが、それはまたまったく別の話になる。

現在JRAの競馬場では東京、中山、京都、阪神の4大場、それに福島、中京、小倉がこのオーバーシードを採用している。札幌と函館は寒地のため洋芝のみ（洋芝3種の混播）、新潟は開催が野芝が緑色に保たれる時期だけなので、野芝だけの競馬になる。

馬にとって走りやすい馬場とは

ジャパンカップによって表面化（?）したふたつの課題のうち、通年緑化についてはオーバーシードによって解決することができた。残る問題は「馬場の硬さ」である。

一時期私はジャパンカップなどのために来日した海外の騎手、調教師、ジャーナリストといった人たちに話を聞く機会があると、必ず日本の馬場に対する印象も質問していたことがある。その答えは、ひじょうに好意的なものだった。

実のところ「好意的なもの」という表現はかなり控えめであって、ほとんど「絶賛」に近い答えが多かった。社交辞令という言葉も私は一応知っているので、それを額面どおりに受け取ってはいないが、それでも調教や馬との接し方については日本の欠点をはっきり指摘してくれた人も、馬場については褒めてくれるのだ。

どうも日本人というのは私も含めて海外の、とくに先進国といわれる国の評判を気にする民族であって、彼らは私以外の日本人からも同じような質問を何度も受けていたようだ。

「これほどしっかり整備された馬場は世界のどこにもない。こんなに素晴らしい馬場を持っていて、何が気になるのか理解できない」

と彼らは言うのである。

馬場が硬いのではないですか、という質問には、

「馬場が硬いことのどこが問題なんだ？　日本の馬場には何の問題もない」

という言葉が返ってくるのだ。

硬くない、とは彼らは言わない。いつも乗っているイギリスやフランスの馬場より、日本の

馬場が硬いとは感じているのだろう。だが、それのどこが問題なのか、と言うのだ。日本の馬場が硬いために馬が故障しやすいとは、彼らは考えていないのである。

馬場が硬いと骨折のリスクは高まる。理屈としてそれは間違っていないのだろうし、否定する人もまずいないだろうと思う。しかし現実問題として、馬場の硬さを主因とする骨折が、どのくらい起きるものなのか。硬いといっても、剝《む》き出しのコンクリートの上を走るわけではないのだ。

そしてまた、仮にレース中の事故で馬が骨折したとして、その原因を馬場だけに求めるのは、正しい態度ではないだろう。馬場がその一因であることはあるだろうが、ほかのさまざまな要因も考慮されなければならない。調教であったり、日常の管理体制であったり、競馬場への輸送であったり、あるいは競馬番組の編成（最後の未勝利戦開催に事故が多いという印象を持つ人はいないだろうか？）であったりといった要因だ。

そして実際、日本の事故発生率が欧米に比べて高いというデータもないのだ。

そんなことより、と彼らは言う。

「日本の馬場は走りやすい。馬が安心して走れる馬場だ」

と。

馬が走りやすい、安心して走れる馬場とはどんなものかと言えば、下（地面）がどうなっているかがわかる馬場、着地するときに地面の状態が予測できて、実際にその予測どおりになっている馬場なのである。

走りやすさという意味では、馬場の硬い軟らかいは、ほとんど関係がないのだという。馬はどんな馬場であっても、それなりの走り方をする。硬いなら硬いなりの走り方、軟らかいなら軟らかいなりの走り方だ。

馬術家の渡辺弘氏によれば、馬は河原の砂利を走ると、着地のときに脚に力を入れないのだという。砂利がどう動くかわからない、つまり地面を信用していないから、それに対応できるような走り方をするのだそうだ。地面なりの走り方とは、そういうことだ。

だから馬にとって困るのは、硬いと思ったら軟らかかった、あるいは平らだと思ったら傾斜があったというときだ。着地したときの感覚が予測と違ったことで馬はパニックになり、走り方が崩れる。むしろ故障が発生しやすいのは、そんなときだという考え方もある。

つまり言葉を換えると、馬が走りやすい馬場とは「均一性が担保された馬場」ということになる。硬いにせよ軟らかいにせよ、馬場のどこをとっても同じ硬さであること。思いがけないデコボコがない、どこも同じように平坦な馬場であること。馬場のどこを走っても、同じ感覚で着地できること。それが走りやすい馬場の条件なのだ。

その意味では、実はヨーロッパの馬場は走りやすい馬場ではない。深い芝に隠されて外からは見えないが、路面はかなりデコボコしているというのだ。自然の地形を生かした（人の手をあまり入れない）コースだから、当然と言えば当然である。そういった馬場をいつも走っている騎手にとっては、日本の馬場は本当に走りやすく、安全に感じられるらしいのだ。

日本産馬、日本調教馬がヨーロッパに遠征して苦労するのは、馬場への対応が難しいからだとはよく言われることである。それは主に芝が長く重い馬場やコースに存在する高低差への対応として語られる。つまりヨーロッパの「力のいる馬場」への対応である。それはそれで間違いのないことだろうが、もうひとつ、この馬場の均一性の問題もあるのではないかと思われる。

つまり、いつも日本で走っている馬は、地面を信用しているから思い切り脚を伸ばして走る。が、その走り方ではヨーロッパのデコボコの馬場では走れないのではないか。いつも日本でやっているように思い切り脚を伸ばして走ろうとすると、着地点が安定しない。そこで、どうしても探り探りの走り方になってしまい、実力を発揮できない。パワーを云々する以前に、走り方そのものが日本とヨーロッパでは違うのではないか。まず、ヨーロッパの荒れた馬場に適した走り方をマスターする必要があるのではないか。

ちょっと変な言い方になってしまうのだが、よく整備された均一な馬場で走っている日本の馬はある意味では過保護になっているのかもしれない。ふだん恵まれているから、ヨーロッパの厳しい馬場に適応するのが難しいのかもしれないのだ。

競馬に不可欠な「馬場の多様性」

日本の馬場が硬いのには理由がある。ひとつには開催日数の多さであり（ヨーロッパとは比べものにならないほど多い競馬開催に耐えられるようにするには、路盤を硬く保たなければならない）、またひとつには雨が多いという気候条件もある。だから、しかたがないという一面は確かにあるのだ。

だが、日本の馬場が硬いのは決して悪いことではないだろうと、私は考えている。

現在では、路盤の改良や馬場に空気を送り込んで軟らかくするエアレーションという技術の進歩で、以前に比べて日本の馬場はかなり軟らかくなっているという。事故発生率（競馬で「事故」といったときは骨折を意味する。もっと具体的に言うと、3か月以上の休養を要する骨折である）も低くなっているということで、そもそも「日本の馬場は硬い」という批判自体があたらなくなっているのかもしれない。

それでもなお、私は「馬場が硬いことは悪くない」と思う。もちろん、日本で安全な競馬をするために馬場が硬い必要があるのならそうすべきなのは当然だ。無理に軟らかくして逆に馬や騎手の安全を損ねるのでは本末転倒と言うべきだろう。だが、私が「硬い馬場は悪くない」と思うのは、それとは別に、競馬の多様性を考えるからだ。

競馬の持つ多様性は、間違いなく競馬の大きな魅力のひとつである。おそらくこれほどの多様性を持つスポーツは、ほかにはほとんどない。そしてその多様性は、競技環境に限ってみても際だったものがある。

例えば陸上競技場のトラックは、楕円の周回コースで1周の長さ（400メートル）、走路の幅（1・22メートルまたは1・25メートル）、舗装（全天候型舗装）などの条件が細かく規定されている。競輪のバンクはかなりバリエーションがあるものの、それでも1周は333メートル、400メートル、500メートルのいずれかに限られる。

やや語弊のある言い方になってしまうが、陸上競技にしても競輪にしても、それ以外の競技にしても、あらかじめ決められた条件の中で強い選手を決めているに過ぎないと言える。その「あらかじめ決められた条件」でわかりやすいものは距離だろう。「走るのが速い」ではなくて「100メートルを走るのが速い」とか「3000メートルの距離をもっとも速く走れる」という限定的な強さなのである。

しかしその「あらかじめ決められた条件」は距離だけではない。あくまで「もしかして」だが、400メートルトラックで行われる400メートル走と直線だけで行われる400メートル走があれば、その勝者は違った選手になるかもしれない。まっすぐ走るのは猛烈に速いが、コーナリングがとにかく下手、という選手がいるかもしれないのだ。しかし陸上の400メートル走はあくまで「周回トラック1周」という限定された条件下で速い選手を決めるもので、その条件に適していない選手が認められることはない。

しかし、競馬は事情がちょっと違う。競馬にしても「あらかじめ決められた条件」の中で勝敗を決めることに変わりはないが、その条件が多彩なのだ。まっすぐ走るのは速いがコーナリングがダメという馬でもチャンスがある競馬場もあるということだ。

コース形状は周回コースだろうがそうでなかろうがどっちでもよく、周回コースであっても1周の距離も自由で、コース素材にも細かい規定がない、つまり何でもいいなどというのは、クロスカントリーやロードでの競技を除けば、競馬と一部のモータースポーツくらいではないだろうか。

そして実際に、世界の各地に、その場所ならではの条件や事情に応じた、またその国の国民性や価値観に立脚した、さまざまな形状の競馬場が数多く存在している。それが競馬の多様性の現れであって、日本の競馬場も間違いなくその一端を担っているのである。

競馬にとって馬場の多様性は、単純に「いろいろあって面白い」だけでなく、言ってみれば競馬が存在するための生命線でもある。さまざまなタイプの競馬場、馬場があるということは、そこを走る競走馬にとって、さまざまなタイプの能力が求められることを意味する。言い換えると、多様な形状、性格の馬場があるということは、さまざまなタイプの能力を持つ競走馬を発掘できるということだ。

仮にエプソム競馬場やロンシャン競馬場で勝つ馬だけが「真に強い馬」で、そうした馬だけが種牡馬になったらどうだろうか。おそらくサラブレッドは活力を失い、停滞することになるだろう。

これまでサラブレッドは（サラブレッドに限らず、馬は）、彼らの持つさまざまな特性、長所をかけあわせることで、長所をより伸ばし、欠点を補い、また新たな能力を獲得しようとして進化してきた。いままでもそうしてきたのだし、これからもそうやっていかなければならない。

そのためには、多彩な才能が必要になる。パワーのある馬、軽快なスピードを持つ馬、何ものをも恐れない勇気を持つ馬、人の指示に即座に反応できる馬……。それらをすべて生かしてはじめて、種としての進化が実現できる。同じような能力の馬だけを集めても、それこそ意味がないのだ。

サラブレッドのさらなる進化のためには、サラブレッドが持つ多くの可能性を見つけ出さなければならない。その持っている能力を発揮できる舞台を用意しなければならないのだ。スピードを評価するための馬場や距離、スタミナや我慢強さを発揮できる競馬、スピードとスタミナのバランスが求められるレース……。そのためには、いろいろなタイプの競馬場が必要になる。

日本の整備された硬い馬場は、競馬が必要としている多様な馬場のひとつなのだ。あえてヨーロッパの馬場に寄せる必要はまったくないのである。

日本のダートコースとは

さて、馬場のことを考えるときに、芝コースばかりを話題にするのは正しい態度ではないだろう。ダートコースについても、触れておかなければならない。

日本のダートはアメリカのそれとは違って、二層構造になっていることはすでに書いた。山砂の路盤の上に海砂のクッション砂[*4]を敷いた構造だ。

芝コースでは芝の品種が馬場の性格を決める重要な要素だったが、ダートにおいても同様だ。「クッション砂の材料選びこそが馬場の命」なのだそうだ。

そのポイントは、

1　直径2ミリメートル以下であること（それ以上だと「石」になってしまう）

2　硬いこと（潰れにくいこと）

3　丸いこと（角ばっていないこと）

4　比重が重いこと
5　同じものが一定量採れること

である。馬場の場合「均一であること」が重要だというのはすでに書いたが、ダートでも馬場のどこを取っても同じ砂である必要があるので、5が条件になる。

かつてクッション砂には川砂が多く使われていたが、現在では青森産の海砂が使われている。川砂の採掘ができなくなったためだ。騎手に評判がよかったのは川砂で、顔に当たってもさほど痛くなかったそうである。

ちなみに青森産の海砂を最初に導入したのは公営の大井競馬場で、トゥインクルレースを始めたときに照明に映える砂をということで使い始めたそうだ。

砂の直径が2ミリメートル以下という条件も、2ミリメートル以下ならなんでもいいというわけではない。細かすぎると、砂というよりは土になってしまうわけで（直径0・074ミリメートル以下は土だそうだ）、土になってしまうと困ることが起きる。固まってしまうのだ。だからこそ、硬いことも求められる。軟らかければ馬に踏まれることで砕け、あっという間に土になってしまうからだ。

また、粗すぎるのもよくない。粗い砂が爪の隙間から入り込むと、炎症を起こすことがある。

大井競馬場で最初に海砂を入れたとき、こうした症状の出た馬がいたという。が、砂を少し細かくしたら、そうしたことはなくなったそうだ。微妙なものである。

＊4　クッション砂というと、いかにも反発力があるかのような印象を受けるが、実際はほとんどない。馬の脚が着地する衝撃のエネルギーを砂が飛び散るエネルギーに変換するだけである。ダートコースの上を歩くと、とても気持ちのよいもので「クッション」を感じる気がするのだが、それはあくまで人間のエネルギーレベルでの話。馬が走るときの圧倒的な力は、それほど牧歌的なものではないということだ。

ダートコースの走り方

さて、砂浜でも公園の砂場でも構わないのだが、乾いた砂の上を走ると、そこがとても走りにくいことがわかる。足が砂の中で泳いでしまうのだ。これは馬でも同じで、砂の上を走るときには足がしっかりグリップされる必要がある。そこで重要になってくるのが、クッション砂の砂厚なのである。クッション砂の砂厚は、現在ＪＲＡの競馬場では9センチメートルに統一されているとのことだが、以前は競馬場ごとに異なっていて、8センチメートルくらいのところが多かった。

馬がダートコースの上を走るとき、脚がクッション砂に着地するときの衝撃と重みで、脚はクッション砂の中に沈む（あるいは砂が弾き飛ばされる）。以前クッション砂の厚みが8センチメートルに設定されていたのは、このとき馬の爪先が引っかかる程度に路盤に当たるようにするためだ。爪先が路盤に引っかかることで、脚が後ろに流れずに走ることができるというわけである。

現在の砂厚が9センチメートルと厚くなったのは、クッション砂の素材の改良で、クッション砂自体のグリップ力が増したからだということだが、いずれにしても馬の脚は8～9センチメートル、砂の中に埋まっていることになる。砂の「上」に載っているわけではないのだ。

馬の走りが後輪駆動であることは、第四章で説明した。後肢のキック力で前に進むのだが、このときの前脚の使い方、動かし方が、芝とダートでは異なってくる。

芝の場合、前脚は払うように前に伸ばして走ることになる。脚が芝に埋まっていても、芝だから容易に掻き分けて前に出せるのだ。その結果、完歩は大きくなる。

しかしダートの場合は、芝のようにそのまま前に出せない。いったん上に引き抜いて走る。と、当然着地のときは上から叩きつけるような形になる。いわゆる前を掻き込む走り方だ。その分完歩は芝に比べて小さくなり、回転を上げてピッチを速くする走り方が多くなる。これが一般的な「ダートの走り方」である。

ダートコースでは姿勢の高い、前を掻き込むような走り方になる（大井競馬場）

ただ、難しいのは、見ていていかにもダート向きの走り方をする馬が、ダートを得意とするとは限らないということなのだ。

ダートの場合、前肢を持ち上げる走りになるので、全体的にフォームは高くなる。しかし、フォームが高いのはエネルギーのロスが大きく、本来は好ましいことではない。だからダートでも走る馬はなるべく低い姿勢を保ったまま、前肢を持ち上げ、回転を上げる走り方をする。いかにも「脚を高く持ち上げています」という走り方をする馬は、むしろうまく前脚を抜くのが下手な馬、つまりダートが下手な馬なのだという。

ダートに向く馬とは

また、こうしたダート特有の走り方をするためには、ダートに向いた体型が求められる。

まず、芝に比べて力のいるダート（ヨーロッパの芝とアメリカのダートの比較でなく、日本の芝とダートではダートの方が力がいる）では、しっかりした骨格と筋肉が必須になる。とくに前肢を高く上げることから前軀（胸前から脇）の筋肉が発達した馬が向く。全体的に馬格のある馬で、体に幅のある馬がよい……。

というように挙げていくと、短距離系の馬体が思い浮かぶが、まさにそのとおりで、腹袋のゆったりとした短距離系の馬体が、ダートに向く馬体と言える。もともとダートのレースには短距離が多いという事情もあって、ダートのレースに良績のある馬は短距離向きの体型をしていることが多い。が、これはそのまま短距離系の馬がダートも得意ということを意味するわけではない。ダートの適性を決めるのは馬体だけではないからだ。

それからもうひとつ、ダート適性に関してよく言われるのが爪の形である。爪が小さく、立っているものがいいとされている。

ダートコースでは着地すると馬の脚がクッション砂の中に沈む。そして再び脚を上げるとき、周囲の砂を蹴散らすことになるのだが、爪が小さく立っている方が砂から受ける抵抗が少ない。

したがって、ダートコースでは爪の大きな馬よりも小さな馬の方が向いている、というわけである。砂場に広げた状態の手を入れて引き抜くより、握り拳の方がスムーズにできるのと同じことだ。

もっとも、理屈はそうなのだが、実際に調教師に話を聞くと、どうも一概には言えないようだ。こんな大きな爪ではダートは走らないだろうと思えるような馬が、レースに出たらよく走ったという例は珍しくない。どうも、小さいにこしたことはないが、小さくなければならないというほどではない、というくらいのようである。

そしてフォーム、馬体のほかにもうひとつ、よく言われることがある。気性の問題だ。

とくにダートで問題になるのは、前を走る馬が蹴り上げる砂である。これを嫌がる馬は少なくないという。芝の場合は前の馬が土を跳ね上げるにしても、たまたま削ってしまったときだけだが、ダートの砂はレース中のべつまくなしだ。これを嫌がる馬は、ダートでは走れない。

実はあのクッション砂、体に当たるとかなり痛い。私もダートコースの取材中に強風で飛んできた砂に襲われたことがあるが、痛いわ目は開けていられないわでたいへんな思いをした。あれが嫌な馬はダートではレースにならないだろうと実感できたものだ。

ただ、この砂問題については、慣れる馬もいるそうである。最初はまったくダメでも、二度目からは平気とか、徐々に大丈夫になっていくという馬もいるので、一度で見限るのは早いらしい。

さて、最後にダートコースに関してよく話題にのぼる道悪とタイムの関係について、一言だけ述べて馬場の項を終わりにしよう。

ご存じのように、ダートのレースでは芝と違って、道悪の方が走破タイムは速くなる。その理由についてよく言われるのは、砂浜の乾いた部分より、波打ち際の濡れたところの方が走りやすく速く走れる、それと同じだというものだ。

ところが競馬の、日本のダートコースで起きているのは、それほどのどかなことではない。波打ち際が走りやすいのは、乾いた砂と違って脚が沈まないからだ。脚が沈まないから、砂の中で泳ぐこともなく、地面をしっかりグリップして走れるのである。

だが、ダートコースは違う。というより、馬が走るときのエネルギーは、人間がのどかに海岸を走るときとは違うのだ。

道悪のダートでも、馬の脚は沈むのである。いや、沈むなどという生やさしいものではない。ある騎手に聞いた話だが、クッション砂は水を含んで飛び散りやすくなっているから、着地の衝撃で砂が飛んでしまうのだという。クッション砂が飛んでしまって、ほとんど剝き出しの路盤の上を走っているようなものなのだそうだ。時計が速くなるのは、当然なのである。

第六章

馬はこうして競走馬になる

1　サラブレッドが「サラブレッド」になる

サラブレッドは走るために生まれてきた

第一章で、私たち競馬ファンは「馬は走るために生まれてきた」と思っている、と書いた。こうした「○○は□□するために生まれてきた」という言い回しは、○○が持っている□□の才能がひじょうに優れていることを表現するレトリックだが、ここで「馬」を「サラブレッド」に置き換えて「サラブレッドは走るために生まれてきた」と言い換えると、修辞ではなく、ほぼ言葉どおりの意味になる。もう少し正確に言うなら、

「サラブレッドは競馬をするために生まれてきた（生まれてくる）」

のである。

彼らが生まれてきたのは、馬車を牽くためでも、畑を耕すためでもない。競走馬としてレースに出走するために生まれてきている。中には競走生活を終えたあとに、馬車を牽いたり畑を耕したりする馬もいるが、それも本来は別の品種の馬、もしくはほかの動物がやるべき仕事を、適性という意味ではあまり向いていないサラブレッドに回してもらっているのである。サラブ

レッドは、一義的には競馬に出るために生まれてきているのだ。

とすれば、サラブレッドとして生まれてきた馬たちは、なによりもまず競走馬にならなければならない。競走馬になれなかったサラブレッドには、少なくとも現在の日本では、生きる場所がほとんどない。

その競走馬になる第一歩が「サラブレッドになること」だと言ったら、何のことだと思われるだろうか。

ところが厳密な言い方をすると、そういうことになってしまうのだ。

サラブレッドを正確に定義すると「国際血統書委員会が承認した血統書に登録された馬」ということになる。

国際血統書委員会（ＩＳＢＣ：International Stud Book Committee）は、国際的な血統書の承認、生産や個体識別法、血統登録の手続きなどの標準を定めている団体だ。競馬を開催している国は、それぞれの国の血統書（Stud Book）を作っているのだが、その血統書の内容や書式の基準となる形式を国際血統書委員会が決め、その基準に合致した血統書を承認している。

サラブレッドとはそうした血統書に登録した馬のことを指すので、サラブレッドの父母の間に生まれた仔馬であっても、血統書に掲載されるまではサラブレッドとは呼べないことになる。

サラブレッドは生まれつきのサラブレッドだったわけではなく、定められた手続きを踏んで

「サラブレッドになる」のである。
登録の要件、つまりサラブレッドとして認められる条件は、「血統のすべてが国際血統書委員会が承認した血統登録機関の血統書に登録されている馬に遡れること」である。これをものすごく平たく言うと「サラブレッドの父母から生まれた馬」ということになる。「血統のすべてが血統書に登録されている馬に遡れる」ためには、父母の双方が「血統のすべてが血統書に登録されている馬に遡れ」ればいいわけで、ようするに父母ともにサラブレッドであればいい、ということになるのだ。[*5]
この血統書に登録することを（そのままだが）血統登録という。血統登録では、性別、毛色、父馬、母馬の血統と母馬の所有者、生産者、そして馬体の特徴などの情報が登録される。日本における「国際血統書委員会が承認した血統登録機関」はジャパン・スタッドブック・インターナショナル（ＪＡＩＲＳ）であり、血統登録と血統書の発行はこの団体が行っている。

＊5　ただしこれには例外もある。現在はひじょうに数が少なくなったが、血統に一部不明なところがあったり、アングロアラブの血が混じっているサラブレッド系（サラ系）という馬たちがいる。これらサラ系の馬であっても8代続けてサラブレッドと交配され、国際血統書委員会で承認されれば、サラブレッドとして登録できることになっている。

血統書の出現

競馬を開催している国が発行している血統書の原型となったのが、イギリスの『ジェネラル・スタッド・ブック（General Stud Book）』である。ジョッキークラブの事務局長をしていたジェームズ・ウェザビーがまとめたもので、パイロット版と言うべき序巻が1791年に、正式版と考えられる第一版が1793年に刊行された（もっとも第一版にもいろいろと不備があって、その後何度も改訂が加えられた。最終改訂版が出たのはなんと100年近くが経過した1891年のことだった）。

それ以前の血統書は、それぞれの生産者（馬主）が自分の所有する繁殖牝馬や生産馬についての記録をまとめた私家版がせいぜいのところで、情報が不十分だったり不正確だったり、あるいは虚偽が含まれたりしていた。それではいろいろと不都合があるので、できるだけ包括的でかつ正確な血統書を作ろうとしたのである。

言ってみれば、明治維新で新政府が戸籍制度を再整備したのに似ているかもしれない。それまでは公家や武家の一部を除けば血統（家系図）など定かではなく、あったとしても寺社の人別帳のような断片的で不正確なものでしかなかっただろう。それをこれからはちゃんと記録しましょうといって始めたのが戸籍だとすれば、『ジェネラル・スタッド・ブック』も、それに近い。

もっとも『ジェネラル・スタッド・ブック』の場合はできるだけ遡って記録しようとしたのだが、当然限界はある。

現在、世界中にいるサラブレッドの父系を遡ると、必ず3頭の種牡馬のいずれかに行き着く。ダーレーアラビアン（推定1700年生まれ）、バイアリーターク（推定1680年生まれ）、そしてゴドルフィンアラビアン（推定1724年生まれ）で、この3頭のことを「3大始祖」と呼んでいる。

しかし、この3頭にしても突如として地上に現れたのではなく、父馬も母馬もいたはずなのである。それなのにこの3頭に「行き着いてしまう」のは、この3頭の父母のことはわからなかったのだ。意地の悪い言い方をすれば「どこの馬の骨かわからない」馬だったのである。

そもそも名前からして適当だ。ダーレーアラビアンとは「ダーレー家が所有しているアラブ馬」だし、バイアリータークは「バイアリー大尉が連れてきたトルコ馬」だ。これは固有名詞というよりはむしろ説明である。

だいたい「ダーレー家のアラブ馬」というが、ダーレーさんはアラブ馬を1頭しか持っていなかったのか、とツッコミを入れたくなる。ダーレーさんはわざわざアラブから馬を連れてくるくらいだから、かなりのお金持ちだったろう。そのお金持ちがアラブ馬を1頭しか持っていなかったとは考えにくいではないか。「ダーレー家のアラブ馬」では馬を特定することができないような気がするのだが、どうだろうか。

ゴドルフィンアラビアンに至っては、かつてはゴドルフィンバルブとも呼ばれていた。アラブ種ではなくバルブ種であるとされていたのである（現在はアラブ種の血が濃かったという見方が有力だ）。そのくらい、よくわかっていなかったのだ。

ちなみに、3大始祖にからめて「サラブレッドはたった3頭の馬から始まった」というような言い方を聞くことがあるが、これは誤りだ。サラブレッドは3頭から始まったのではなく、当時3大始祖同様に種牡馬として使われていた中東出身の馬は200頭ほどいたとされる。ただ、そのほとんどが現存するサラブレッドの父系（父の父の父の……と続く、血統表のいちばん上のライン。サイヤーラインという）には残っていない。つまり淘汰され、滅んでしまったのだ。しかしサイヤーライン以外には残っているので、サラブレッドが3頭から始まったわけではないのである。

親子の証明

その「中東や北アフリカから連れてきた、どこの馬の骨かよくわからない」馬を、イギリスの土着牝馬、これまた嫌な言い方をすると「そこらへんにいた牝馬」と交配して作ったのが、サラブレッドである。[*6]

だから、と言っていいのかはわからないが、『ジェネラル・スタッド・ブック』もはじめから現在のような絶対的な権威を持っていたわけではない。それでも年月を重ね、そこに記載された情報が蓄積されていくと、『ジェネラル・スタッド・ブック』に先立って発行されるようになっていた競走記録である『レーシング・カレンダー』とあわせて、ひじょうに高い価値を持つようになった。

このあたりの事情はイギリス以外の国においてもまったく同じである。成績書と血統書、このふたつがサラブレッドの生産に不可欠なものとなった。

過去の競走馬の成績や血統がなぜ重要視されるかと言えば、競走能力は遺伝すると考えられたからである。

となると『ジェネラル・スタッド・ブック』をはじめとした血統書にとってもっとも大切なことは、親子の関係（父親と母親の名前）が正しく書かれているかということになる。

とくに問題になるのは、父馬との親子関係である。母親の場合は実際に産むところを多くの人が目撃するわけだし、[*7] 子どもも母親について歩く、母親もそれを拒絶しない、ということで、かなり高い確度で親子と推認できるわけだが、父親はそうはいかない。

血統登録にあたっては種牡馬の種付け証明書が必要なので、実際には安価な種牡馬をつけたのにもかかわらず有名種牡馬の仔として登録して高く売るといったような、安易な不正はできない。が、そうした悪意がなくても、父馬との親子関係は錯誤の可能性があるのだ。

一般的に種付けを行うのは、1シーズンに1回だけではない。牝馬の発情があるたびに何度か付けるのが普通だ。その際に、シーズン途中で種牡馬を替えるということも、よく行われている。例えば、とてもよい発情が来たが種牡馬の予定がいっぱいだったとか、逆に付けてみたいと思っていた種牡馬がたまたま空いていたとか、受胎率の低い種牡馬にチャレンジしたが留まらないので安全策をとって受胎率の高い種牡馬に替えたとか、理由はさまざまである。

こうした場合は、先に付けた種牡馬で受胎が確認できなかったから種牡馬を替えたわけだから、後から付けた方で登録するのが普通である。たいていはそれで正しいのだが、しかし必ずそうだとは限らない。実は先に付けた種牡馬で留まっていたのがわからなかっただけ、などということもある。そこで親子判定がひじょうに重要になってくるわけである。

その親子判定の方法として、多くの人が思い浮かべるのはＤＮＡによる判定であり、あるいは血液型による判定だろう。サラブレッドの世界でもそのとおりで、現在は世界的にＤＮＡによる判定法が採用されており、その前は血液型を使って判定されていた。

しかし、この血液型判定も、実はそう昔から行われているものではない。日本で最初の軽種馬の血液型検査は、１９５５年、当時の農林省畜産試験場で試験的に行われた一組の親子判定だった。そして1974年には、アラ系の全産駒に対する検査が行われるようになった。

アラ系というのはアラブ系種の馬のことで、日本では事実上アングロアラブ種を指す。アングロアラブとはアラブとサラブレッドの混血で、アラブ血量が25パーセント以上のものだ。現在はアラ系のレースはなくなってしまったが、1974年当時は中央競馬、地方競馬ともにアラ系の競走が行われていて、とくに地方競馬においてはアラ系の競走が主体の競馬場もあったほどだ。

サラブレッドに先んじてアングロアラブで全産駒検査をするようになったのには、もちろん理由がある。

すでに述べたように、アングロアラブはアラブ血量を25パーセント以上持たなければならない。しかし、アングロアラブの牝馬にもしサラブレッドの種牡馬を付けてしまったらどうなるか。まず間違いなく、その産駒のアラブ血量は25パーセントを下回ることになるだろう。アングロアラブではなくなるのだ（アラブ血量が25パーセントに満たない混血馬は「サラブレッド系（サラ系）」の分類になる）。

そして、サラブレッドとアングロアラブでは、競走能力に明らかな差がある。もともと競走能力を犠牲にして従順さや丈夫さを重視して作られた品種だから、それは当然のこととも言えるのだが、アラブ種はサラブレッドの元になった品種である。その血が25パーセントほど混じったただけで、競走能力に決定的な違いが出るというのも、考えようによってはすごい話だ。ともかく、競走能力という点については、アングロアラブはサラブレッドに劣る。もし、サラブレッドを父に持ち、25パーセント以下のアラブ血量しか持たない馬がアラ系のレースに出走すればどうなるか。その馬は出るレース出るレース、勝ちまくる可能性がある（もちろんそうならない可能性もあるが）。

仮にアングロアラブの種牡馬の産駒であると偽ってサラブレッドを付けるという不正を企てる者がいたら、その人間は多額の賞金を手にしてしまうかもしれない。そして、その馬が圧倒的な競走実績を背景にアングロアラブとして種牡馬になってしまったら、ことは賞金の詐取というだけではすまなくなる。アングロアラブの血統が滅茶苦茶になり、ひいてはアングロアラブという品種全体が脅かされることになるのだ。

そうした事態を引き起こさないための、アラ系全産駒検査なのである。

このアラ系全産駒検査で使われていた検査法は日本独自のものだったが、１９８０年代になると、検査を国際的に統一しようとする動きが出てきた。そして国際血統書委員会によって血液型の標準検査が定められ、１９９１年からはこの基準を満たした検査を受けることが血統登録の条件になった。そしてそれを受けて、同年からサラブレッドについても全産駒検査が行われるようになった。サラブレッドの全産駒血液検査が始まったのは、なんと平成の世になってからのことだったのだ。

＊6　サラブレッドはアラブ地域から連れてきた牡馬に、イギリスの土着牝馬を交配して作られた品種だということになっている。が、これには懐疑的な見方もある。アラブから牡馬を連れてきたというが、なぜ牡馬だけなのか。どうせ連れてくるなら、一緒に牝馬も連れてきたと考えるのが自然だ。牡馬も牝馬も輸入馬だと言ってしまうとイギリスのプライドが傷つくので、牝馬はイギリスの馬だったことにしたのではないか、と考える人もいる。

＊7　日本においては繁殖もひじょうにしっかりと管理されているので、出産の際には獣医や牧場スタッフが立ち会い、場合によっては介助する。しかし、オーストラリアやニュージーランドではそのあたりはひじょうにおおらかで、繁殖牝馬も放っておかれることが多いという。そのため子どもが生まれて数日の間、そのことに誰も気がつかなかったなどということもあるということだ。

毛色と遺伝

血液型検査以前に、親子判定における重要な役割を担っていたのが、毛色である。

サラブレッドの毛色は、栗毛、栃栗毛、鹿毛、黒鹿毛、青鹿毛、青毛、芦毛、白毛の8種類だが、これはメンデルの法則で遺伝する。したがって、産駒の毛色によっては父馬もしくは母馬との親子関係が成立し得ないことがわかるのだ。

毛色の遺伝に関して、もっとも有名なのは「栗毛の法則」だろう。「両親がともに栗毛の馬は、必ず栗毛になる」というこの法則がなぜ成立するのか、簡単に説明しておこう。

8つの毛色は大きく栗毛グループ（栗毛と栃栗毛）、鹿毛グループ（鹿毛、黒鹿毛、青鹿毛）、青毛、芦毛、白毛に分けることができる。栗毛と栃栗毛は色味の違い、鹿毛と黒鹿毛、青鹿毛は黒っぽさの度合いの違いだけで、基本的には同じものと考えられるからだ。[*8] そして、この栗毛、鹿毛、さらに青毛を基本となる毛色、原毛色という。

原毛色である栗毛、鹿毛、青毛については、次のふたつの遺伝子で決定される。

・黒い色素を作り出す遺伝子【E】

馬の体内で作られる色素には、黄色っぽいメラニン（フェオメラニン）と黒いメラニン（ユーメラニン）があるが、遺伝子【E】はユーメラニンを大量に作り出す。この働きのある優性遺伝子【E】を持つ馬は毛色に黒が含まれるようになる。青毛か鹿毛になるわけだ。一方、この働きのない劣性遺伝子【e】しか持たない馬はユーメラニンを作ることができず、毛色に黒が入らない。したがって栗毛となる。

・黒い色素の分布を限定する遺伝子【A】

表6–1　遺伝子の組み合わせによる毛色の分類

AAee Aaee aaee	栗毛（栃栗毛を含む）
aaEE aaEe	青毛
AAEE AAEe AaEE AaEe	鹿毛（黒鹿毛、青鹿毛を含む）

遺伝子【A】は、遺伝子【E】で作られたユーメラニンの分布を制限する。遺伝子【E】を持つ馬は青毛か鹿毛になるが、その馬が同時に優性遺伝子【A】を持っていれば、黒い部分はたてがみや尻尾の長毛、あるいは四肢の下部に限定される。これが鹿毛である。【E】を持っているが【A】を持たない（劣性遺伝子【a】を持つ）馬は黒い部分の分布が限定されず、全身が黒くなるので青毛になる。

子どもは遺伝子【E】（または【e】）と【A】（または【a】）を両親からひとつずつ受け継ぐから、このふたつの遺伝子の組み合わせは表6－1のようになる。

栗毛の馬は黒い色素を作る遺伝子【E】を持たないので、遺伝子型は【ee】となる。したがって、自分の子どもには劣性遺伝子【e】しか与えることができない。両親がともに栗毛ということは、父親からも母親からも【e】しかもらえないので、子どもの遺伝子型は必ず【ee】になる、つまり栗毛になる、というわけだ。これが栗毛の法則である。

この遺伝子【E】と遺伝子【A】の組み合わせを、両親の毛色と子どもに出現する可能性のある毛色の関係に置き換えると、表6－2になる。

表6–2　両親の毛色と子どもに出現する毛色の分類

母＼父	栗毛	青毛	鹿毛
栗毛	栗	栗・青・鹿	栗・青・鹿
青毛	栗・青・鹿	栗・青	栗・青・鹿
鹿毛	栗・青・鹿	栗・青・鹿	栗・青・鹿

この表からは、栗毛の法則以外にも、青毛の両親からは鹿毛の子どもが生まれないことがわかる。青毛馬は黒い色素を制限する遺伝子【A】を持たない（必ず【aa】となる）ため、子どもにも【A】を渡せない。両親ともに青毛の場合、子どもは必ず【aa】になるので、黒の要素があり、しかしその分布が制限された毛色である鹿毛にはならないというわけだ。

また、実際の配合にあたっては、父母馬についてもその父母、そのまた父母と遡ることで遺伝子型は限定されるので、子どもに出現する毛色は表6－2よりもずっと絞られる。

例えば父親が【AAee】の栗毛で母親が【AAEE】の鹿毛だとわかっていれば、子どもは鹿毛（【AAEE】か【AAEe】）しかあり得ないことになる。もし子どもが栗毛や青毛であったら、その親子関係は否定されるわけで、これが毛色による親子判定の考え方だ。

では、残るふたつの毛色、芦毛と白毛についてはどうだろう。

芦毛に関しては、栗毛の法則と同様に有名な法則がある。

「芦毛の馬は両親のどちらか一方は必ず芦毛でなくてはならない」

というもので、こちらはそのまま「芦毛の法則」と呼ばれている。

芦毛という毛色は年齢を重ねると毛色が白くなるもので、もともとは原毛色を持っている。その原毛色はすでに説明した遺伝子【E】と遺伝子【A】で決まるが、芦毛の場合はそれ以外に、芦毛の遺伝子【G】を持っているかどうかで決まるのだ。

【E】と【A】で決まった原毛色が何であろうと、毛色を芦毛にする優性遺伝子【G】を持つ馬は、必ず芦毛になる。したがって、芦毛の馬の遺伝子は【GG】か【Gg】のいずれかとなる。芦毛の優性遺伝子【G】を持つということは、父馬か母馬の少なくともどちらかから【G】を受け継いでいる。子どもに【G】を渡したのだから、その親馬も芦毛のはずである。芦毛馬の父か母の少なくとも一方は芦毛でなければならないのだ。両親ともに芦毛ではないのに、子どもが芦毛であったら、それはおかしいということになる。

そしてもうひとつの白毛だが、毛色が白毛になるメカニズムは実はまだよくわかっていない。白毛の優性遺伝子【W】が存在する（この場合、【W】の働きは芦毛遺伝子【G】と似たものになる）、あるいは白斑を全身に拡大・融合する遺伝子があるのでないかなどと考えられているが、確かなことはまだわからないのだ。

＊8　ただし、青鹿毛については別の遺伝子を想定する考え方もある。

表6－3

母＼父	A	B	AB	O
A	A・O	A・B・AB・O	A・B・AB	A・O
B	A・B・AB・O	B・O	A・B・AB	B・O
AB	A・B・AB	A・B・AB	A・B・AB	A・B
O	A・O	B・O	A・B	O

血液型による親子判定

話を血液型による親子判定に戻そう。

血液型による親子判定は、毛色による判定と比べるとかなりイメージしやすいのではないだろうか。人のＡＢＯ式の血液型と子どもへの出現パターンは、とくに日本人が好む話題としてよく取り上げられるからだ。

ＡＢＯ式血液型では、Ａ型の遺伝子型は【ＡＡ】もしくは【ＡＯ】、Ｂ型では【ＢＢ】もしくは【ＢＯ】、ＡＢ型では【ＡＢ】、Ｏ型では【ＯＯ】となって、両親の組み合わせと子どもの出現パターンは表6－3のようになる。

毛色の場合と同様に、父または母が【ＡＡ】か【ＡＯ】か、あるいは【ＢＢ】か【ＢＯ】かによって、さらに子ども出現パターンは絞られる。そしてこのパターンに合致しない場合は親子関係が否定されることになるわけだ。

ただし、合致した場合でも即座に親子関係が証明されたことにはならない。母親がO型である子どもがA型の父親との親子関係を調べるとき、もし子どもがAB型やB型であれば、その親子関係は否定される。しかしA型やO型であった場合は、否定はされないけれども、かといって確かに親子であるとも言えない。A型の男はそれこそそこら中にいるので、それだけでは個人を特定して父親であると断定できないからだ。

私たちは血液型というとこのABO式とせいぜいがRh式しか思い浮かべないのだが、血液型というのはとてもたくさん存在していて、人間では実に300種類ほどあるとされる。そこで、人間の親子関係を血液型で調べるときには、ABO式で親子関係が否定されなければ別の方式で調べ、そこでも否定されなければまた別の方式で……と繰り返すことで判定精度を上げていくわけだ。

サラブレッドでは15種類の方式を使った検査を行うが、その場合も基本的な考え方は前述したABO型と同じだ。その判定精度（専門的には父権否定率という）はおよそ97パーセントだった。

ちなみに、サラブレッドの血液検査では、ABO式の検査は行っていない。サラブレッドの血液をABO式で分類すると、わずかにAB型が出現するものの、ほとんどがB型になるからだ。ほとんどの馬が同じでは、わざわざ検査する意味がないのである。[*9]

＊9　ABO型の血液型で性格診断のようなものをするのは、世界でも日本と（日本の影響を強く受けた）韓国、台湾くらいだという。ふつうに考えればこの血液型性格診断にまったく根拠がないことはわかるが、馬ではほとんどがB型だという事実はこれの傍証になるだろう。ABO型で性格が決まるなら、ほとんどの馬が同じ性格ということになってしまうからだ。また、誕生日による星座占いについても、日本生まれのサラブレッドは誕生日が数か月に集中するので、運勢の種類がせいぜい3～4種類しかないことになってしまう。血液型や星占いが好きな人にとっては、馬はとても都合の悪い動物なのである。

DNA型検査の方法は

1999年、国際血統書委員会はサラブレッドの血統登録に際しての検査として、血液型に替えてDNA型の検査を採用することを決めた。それにともなって、日本においては2002年から、本格的にDNA型検査が始められることになった。実際に検査を行うのは、血液型検査に引き続いて、競走馬理化学研究所である。

このDNA型検査では父権否定率は99・999パーセントを超えるのだが、この数字を聞いてもたいていの人は「DNAならそうだろうな」と思うのではないだろうか。とにかく私たちのDNAに対する信頼感には絶対的なものがある。が、そのわりにDNAのどこをどう見れば親子関係の有無が判断できるのか、いまひとつよくわからない。血液型の方はなんとなくイメージできるのだが、DNAとなるとさっぱりだ、という人が多いのではないだろうか。

しかし、DNA型検査がどんなものなのかを聞いてみると、どうにも理解できないといったものでもなさそうである。少なくとも、だいたいのイメージを摑むことはできそうだ。ちょっとやってみよう。

DNAは、アデニン（A）、グアニン（G）、シトシン（C）、チミン（T）という4つの塩基から構成されている。この4つの塩基がどんなものか、そもそも塩基とは何かとかは、とりあえず無視してしまう。そういうものだ、と思っていただければいい。この塩基の配列がDNAの持つ情報で、言い換えるとDNAにはこの4つの文字を使って情報が書き込まれている、くらいの理解でいいと思う。

DNAには配列が意味を持って並んでいるところと、意味を持たずに並んでいる部分があるのだが、その意味を持たない部分の中に、特定の配列が繰り返し出現するものがある。

例えば、

ATGTCACACACACAGC……

のような並びだが、この例では「CA」の並びが5回繰り返されている。実はこの繰り返し回数が馬によって異なり、しかもその回数がメンデルの法則で遺伝することがわかっている。とすれば、これを親子関係の判定に使うことができるというわけだ。

この繰り返しが現れる場所のことを「マーカー」と呼ぶ。マーカーによって繰り返し回数にはパターンがあり、その繰り返しのタイプによって親子判定を行うのだ。

そこから先は血液型と同じである。塩基配列の繰り返しが現れる場所をいくつも検査して判定の精度を上げていく。国際血統書委員会は9つのマーカーを国際マーカーとして指定しているが、競走馬理化学研究所ではこれに独自のマーカーを加えた17のマーカーを使って検査を行っている。

親子判定の方法が血液型からDNA型になって変わったことが、判定精度以外にもいくつかある。検査工程がかなり自動化できること、検体の採取が簡単（DNA型検査の検体はたてがみや尻尾の毛の毛根から取る。採血よりずっと楽なのだ）、コストパフォーマンスがいい、などが挙げられるが、もうひとつ、配合変更への対応が変わった。

配合変更とはすでに説明したように、種付けシーズンの途中で配合種牡馬を変更することだが、1回の発情期間内に変更することは認められていなかった。変更は発情期間が終わって、次の発情がきたときに限られていたのである。これは種牡馬が親子や兄弟などの血縁関係にある場合が多く、そうした血液型が近い馬で配合変更が行われた場合、父権否定率97パーセントの血液型検査では判定しきれないケースがあるからだ。

しかしDNA型検査では配合変更された馬が血縁関係にあっても、例えばブラックタイドからディープインパクトへといった全兄弟間の変更であっても正確に判定できる。そこで一発情期間内の配合変更も認められるようになったのだ。

競走能力の遺伝とは

ここまで親子判定について長々と書いてきたが、その理由のひとつはもちろん、サラブレッドにおける血統登録の重要性を確認するためだが、実はもうひとつの意図があってのことでもある。

私たちはほとんど当然のように「競走能力は遺伝する」と考えている。それが間違いならば、競馬そのものの否定につながりかねないたいへんな事態になってしまうのだが、幸いなことに経験則はそれが正しいことを明らかに示している。

「親の能力が子どもに受け継がれる」のは間違いないとして、では、それを科学的に示すことはできるのだろうか。

実は、血統を評価する方法は存在する。それは肉牛で発達した方法で、肉牛の場合はサシの入り方などが明らかに遺伝するので、肉質を遺伝・血統から評価する方法が考えられたのだ。

この方法を馬に応用する研究もすでに行われているのだが、このやり方による馬の血統評価は、肉牛ほどには簡単ではない。

競走馬における血統評価の困難さは「何をもって『競走能力が高い』とするか」にある。肉牛の場合の「肉質」評価は、サシ、つまり脂肪の量や質なので、はっきりした基準で数値化できるが、競走馬の競走能力ではそうはいかない。

競走能力を評価するにあたって、まず使えそうに思えるのはタイムである。タイムは数字という、いかにも客観的なものなので使いやすいからだ。しかし、これをそのまま使ってもだめなことは、競馬を知っている人なら誰でもわかるだろう。

タイムには当日の馬場状態やらコースの形態、さらには出走頭数から騎手が誰だったかまで、さまざまな要素が絡んでくる。それらを無視した比較には意味がない。そこで、それらの要素をひとつひとつ補正する作業が必要になる。例えば馬場状態の違いがタイムにどの程度影響するかを分析して、その差を評価に反映させるのだ。当然のことながら、これをやるには膨大な計算が必要で、コンピュータがなかった時代にはとてもできなかったことだという。

その結果「競走能力は、かなりの程度遺伝する」ことがわかった。

ただし、この方法も万能ではない。数値化、客観化できない要素というのは、どうしてもあるからだ。例えば種牡馬同士の相性。が、こうしたものはこの方法では出てこない。経験則は明らかに相性は存在すると言っているのだが、これを客観化するのは難しいのだ。

さらに言えば、このやり方はあくまでタイムという表面的なものを指標にしたものに過ぎないとも考えられるわけだ。実際には、競走能力は馬体の幅とか腹袋の大きさとか、筋肉の量とか種類とか、爪の形とか気性とか、それはもうさまざまな要素が複雑に絡み合って決まってくるのだろう。そういったひとつひとつの要素が競走能力にどの程度関与するのか、あるいは影響するのかといったところが具体的にわかってこないと、競走能力の遺伝について結論めいたことは言えないだろう。

しかし、ごく一部のことではあるのだが、近年遺伝子の研究が進むにつれて、ひじょうに興味深いことがわかってきている。そのひとつを紹介しておこう。

ミオスタチン遺伝子というものがある。これは筋肉の量を抑制する遺伝子で、この機能が向上すると筋肉の量は減り、この機能が低下すると筋肉の量は増える。毛色のところで黒い色素の分布を制限する遺伝子の話をしたが、こうした「何かを抑制する」遺伝子の存在というのは面白い。促進する遺伝子だけあればいいような気もするのだが、促進する遺伝子と抑制する遺伝子の両方があってはじめて、一定の状態が維持できるということらしい。

さて、そのミオスタチン遺伝子だが、サラブレッドでは3つのタイプが存在する。C／C型、

C／T型、T／T型で、CとかTとかはこれまたDNA型検査のところで書いた塩基、シトシン、チミンが由来なのだが、ここでも細かなことは気にしないことにする。要するにミオスタチン遺伝子には3つのタイプがあり、それぞれC／C型、C／T型、T／T型と呼ばれていることだけ押さえておきたい。

では、このミオスタチン遺伝子の何が面白いのか。実はこの遺伝子のタイプと距離適性とに関係があることがわかったのである。

もともとミオスタチンは筋量を抑制する遺伝子だが、遺伝子型と筋量の関係でいうとC／C型は筋量が増加傾向になり、T／T型は逆に減少傾向を示す。そしてC／T型はその中間になる。

これをさらに距離適性と照らし合わせると、筋量が多いC／C型は短距離に、筋量の少ないT／T型は長距離に、中間のC／T型は中距離のレースに実績が見られた。

図6－4は競走馬理化学研究所の戸崎晃明氏らが、2000年に生まれてJRAに登録した競走馬の距離別勝利頻度とミオスタチン遺伝子型の関係を調査したものだ。これを見ても、C／C型は1000～1200メートル、C／T型では1200～1800メートル、T／T型では1800メートル以上の距離で勝利数が多い。遺伝子型と距離適性とには、明らかな関連が見られるのだ。

図6−4　ミオスタチン遺伝子型の競走距離別勝利頻度

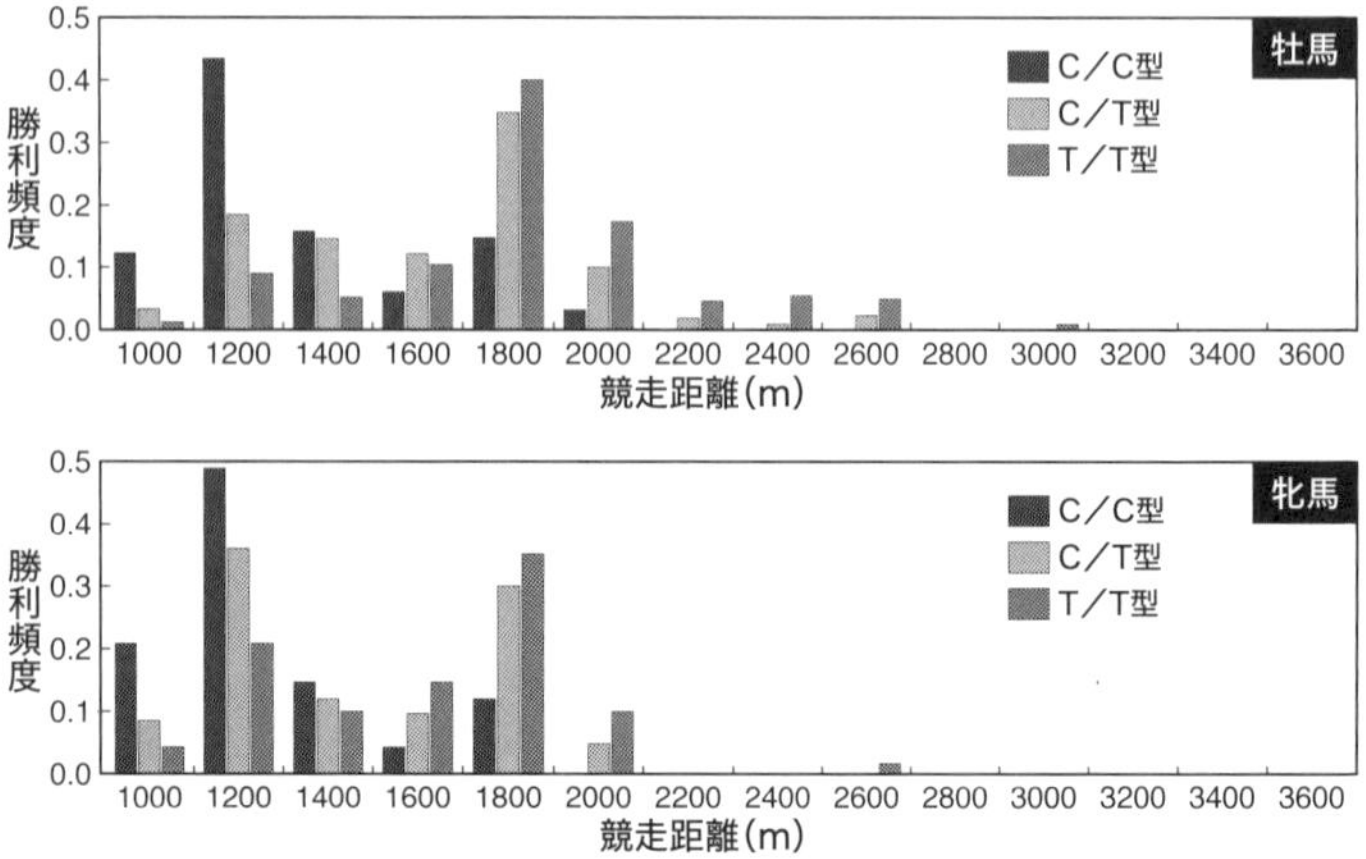

（Tozaki et al. Animal Genetics 2012 より引用・改変）

このことから、Cの要素はスピードと、Tの要素はスタミナと関係していると推測することができる。

サラブレッドを変えた馬

この話がさらに面白いのは、レース形態の変化と血統の関連をも示唆しているという点だ。

競馬がかつていまよりずっと長い距離で行われていたことはすでに書いたが、DNAが素晴らしいのは、そうした時代に活躍した馬についても、遺骨や体毛が残されていれば遺伝子を調べることができることだ。そして実際に何頭かは調べられてもいるのである。それによれば、エクリプス（1764年生まれ）、ストックウエル（1849年生まれ）、セントサイモン（1881年生まれ）、パーシモン（1893年生まれ）といった名馬たちは、すべてT／T型であった。

この話を聞いたとき、私は
「エクリプスですか」

と思わず声を上げた。

エクリプスとはダーレーアラビアンから数えて5代目になる種牡馬だが、ダーレーアラビアンの系統がサラブレッドの主流になる礎を作った馬だ。そのためダーレーアラビアンの系統は一般にエクリプス系と呼ばれる。サラブレッド史上もっとも有名と言っていい、伝説中の伝説の名馬である。

そんな馬だけに「大昔の馬」というイメージが強く、よくDNAが残っていたなと、まずそのことに驚いた。そして同時に、これまで書物でしか知らなかった遠い時代の名馬が突然身近な存在になったようで、喜びのような戸惑いのような、不思議な感覚に襲われたのである。

とにかく、そのエクリプスからセントサイモン、パーシモンまでの名馬たちは、すべてT／T型だったそうなのだが、これは競馬番組が長距離中心だったために、長距離を得意とするT／T型の馬が好成績を挙げ、また種牡馬としても成功したのだろうと推測することができる。

しかし、時代が下るにしたがって、レース距離は短縮の方向に向かう。そして現在のような1000～3200メートルくらいの範囲で番組が組まれるようになった。

そうなると、短距離レースが増えてきたのにつれてC／C型の馬も増えたのではないかと想像できるのだが、そのとおりなのである。しかも、Cの要素（言葉を換えるとスピードの要素）を現在のサラブレッドにもたらした種牡馬も推定されているのだ。

その種牡馬は、ニアークティック（1954年生まれ）だと考えられている。C／C型のサラブレッドとT／T型のサラブレッドの共通祖先を辿ると、ネアルコ（1935年生まれ）に行き着くのだが、同じネアルコ産駒でもナスルーラ（1940年生まれ）やロイヤルチャージャー（1942年生まれ）にはC／C型産駒が見られない。おそらくサラブレッドのCの要素はネアルコというよりニアークティックの母系からもたらされたもので、それがニアークティック産駒ノーザンダンサー（1961年生まれ）の大成功によって、世界中に広まったのだろうと考えられるのだ。

ノーザンダンサーといえば世界の血統地図を一変させた大種牡馬だが、その最大の特徴は「素軽さ」である、といったような言われ方をしていた。素軽さという言葉は、おそらく一般的な日本語には存在しない、競馬の世界で作られたものだと思うが、とても雰囲気のある言葉である。

「早さ」に対して「素早さ」が持つ「素」のニュアンスを「軽さ」にプラスしたような言葉で、「軽快さ」とか「反応のよさ」といった意味合いを感じさせるのだが、これが何となくミ

Northern Dancer ノーザンダンサー　　鹿毛　カナダ産

父 *Nearctic* 黒鹿毛 *1954*	*Nearco* 黒鹿毛 *1935*	*Pharos* 鹿毛 *1920*	*Phalaris*	*Polymelus*
				Bromus
			Scapa Flow	***Chaucer***
				Anchora
		Nogara 鹿毛 *1928*	*Havresac*	*Rabelais*
				Hors Concours
			Catnip	*Spearmint*
				Sibola
	Lady Angela 栗毛 *1944*	*Hyperion* 栗毛 *1930*	***Gainsborough***	*Bayardo*
				Rosedrop
			Selene	***Chaucer***
				Serenissima
		Sister Sarah 黒鹿毛 *1930*	*Abbots Trace*	*Tracery*
				Abbots Anne
			Sarita	*Swynford*
				Molly Desmond
母 *Natalma* 鹿毛 *1957*	*Native Dancer* 芦毛 *1950*	*Polynesian* 黒鹿毛 *1942*	*Unbreakable*	*Sickle*
				Blue Glass
			Black Polly	*Polymelian*
				Black Queen
		Geisha 芦毛 *1943*	*Discovery*	*Display*
				Ariadne
			Miyako	*John P. Grier*
				La Chica
	Almahmoud 栗毛 *1947*	*Mahmoud* 芦毛 *1933*	*Blenheim*	*Blandford*
				Malva
			Mah Mahal	***Gainsborough***
				Mumtaz Mahal
		Arbitrator 鹿毛 *1937*	*Peace Chance*	*Chance Shot*
				Peace
			Mother Goose	*Chicle*
				Flying Witch 2

オスタチン遺伝子のCの要素っぽいような気がしないでもない。

いずれにしてもノーザンダンサーとその後継種牡馬たちの大成功は、それまでサラブレッドの世界にあまりなかったCの要素、スピードの要素が、レース形態の変化、競馬番組の短距離化に合致したためと考えることもできる。

ただ、気をつけなければならないのは、遺伝と距離適性の関係がミオスタチン遺伝子だけで説明できるわけではないということだ。ミオスタチン遺伝子と距離適性との間に関係があるのはおそらく間違いないが、それはあくまで距離適性に関係する遺伝子のひとつ、ほんの一部に過ぎないだろう。

ミオスタチン遺伝子はあくまで筋肉の量にかかわる遺伝子だ。筋肉の質、速筋か遅筋か、あるいはどの部位の筋肉にかかわるかなど、こと筋肉回りに限ってもミオスタチン以外の多くの遺伝子が関係していると考えるのが自然である。

もちろん筋肉以外の要素、心肺機能や気性、馬体の形、脚の付き方、蹄の形などに関係する遺伝子は、それこそ山のようにあることだろう。

この遺伝子ひとつをもって「距離適性の秘密が解けた」と考えるのは、早計である。

2　サラブレッドが「競走馬」になる

競走馬になるために

血統登録が滞りなくすんで、めでたくサラブレッドとして登録されても、そのままではレースに出ることはできない。彼らは次に「競走馬」になるための訓練を受けなければならないのだ。育成である。

ひとくちに「育成」といっても、そこにはいくつかのステージがある。

一般に「育成」という言葉は、トレセンや競馬場に入厩する前にその後の厳しい調教に耐えられる体を作る、いわば「競走馬としての基礎訓練」のイメージで捉えられていることだろう。狭義の育成とはまさにそのとおりなのだが、もっと広い意味でこの言葉を使うことも多い。

馬に対して競走馬としての訓練を始めるには、その前段階として、

1. 人間の存在に馴らす
2. 人間の指示に従うようにする

というふたつのステップが必要になる。馬を人に馴れさせる、あるいは競走馬として扱うことに馴れさせる、いわゆる「馴致《じゅんち》」である。この馴致を含めたのが広義の育成であり、1を「初期育成」、2を「中期育成」と呼ぶ。狭義の育成、つまり人間が騎乗して競走馬としてのトレーニングを行うのが「後期育成」だ。

初期育成は、誕生から離乳までの期間、仔馬とスキンシップをとって、人間とともに生きていくことを教えるものだ。この時期の重要性は、いまさら言うまでもないだろう。競馬はあくまで馬が走るものであり、人間にとっては「馬に走ってもらうもの」である。馬が人を信頼し、言うことをきいてくれるように、走ってくれるようにするのが、この初期育成なのだと言える。

とくにヨーロッパなどでは、この段階から選抜が始まり、人に馴れない馬は次のステップに進めないのだという。競走馬になれなかったサラブレッドの将来が明るいものになるとはとても思えないので、馬の幸せという意味でもとても重要な作業になる。

そうした言わばメンタルの馴致と同時に、放牧による体力強化や群れへの順応も、この時期から始められる。

放牧には昼間だけ放牧地に出して夜は厩舎に入れる昼間放牧と昼夜放牧がある。昼夜放牧と言ってもずっと放牧地に出しっ放しにしているわけではなく、放牧時間は20時間ほどで、残りの時間は厩舎に入れることになる。

昼間放牧と昼夜放牧の大きな違いは、仔馬の運動量にある。昼夜放牧は昼間放牧の2倍程度の移動量（歩く距離）があるとされる。*10 少し前までは夜間の放牧は安全が確保しにくいという理由で行わない牧場も少なくなかったが、現在では多くの牧場が昼夜放牧を行うようになっている。

この放牧は、筋力や持久力のような基礎体力の向上に加え、骨や腱の強化にもつながっている。競走馬としての体作りも、ここから始まっているのである。

群れへの対応というのは、簡単に言ってしまえば「ほかの馬を怖がらない」ようにするためのものだ。大勢の馬と一緒に走ることを怖がったり嫌がったりするようになってしまっては、レースでその能力を発揮することが難しくなるからだ。具体的には群れの中で順位づけ行動をすることで、社会性を育てて、集団でいることにストレスを感じないようにするわけである。

1歳の秋になると始められるのが騎乗馴致（ブレーキング）だ。ここからはいよいよ中期育成の段階に入るのだが、初期育成から引き続いて曳き運動や昼夜放牧によって体力面の強化を図るとともに、馬具を装着することに慣れさせ、馬銜受けを教え、人間が馬をコントロールできるようにする。馬たちはそれまで馬だけの社会で、馬同士の約束事にしたがって生きていたわけだが、その馬同士の約束事を壊し（Break）て、新たに人間との約束事を作り上げる作業だから、ブレーキングなのだという。中期育成では最終的に、背中に鞍を置き、人を乗せ、馬銜を着けて、その指示にしたがって動く（歩く、止まる、曲がる）ことができるようにする。

初期育成は主に生産牧場で行うのだが、そのまま中期育成ができる牧場はさほど多くなく、育成専門の牧場に移って行うのが一般的だ。そしてその育成牧場では、騎乗馴致に引き続いて本格的な騎乗調教が2歳でトレセンや競馬場に入厩するまで続けられることになる。

＊10　ただし、夜間の移動量が増えるのは馬が不安を感じているからだという考え方がある。そのため、馬にそうした不安感を与えることを嫌って、昼夜放牧を行わない牧場もある。

誰が競走馬を作ってきたのか

実はこの育成段階、とくに中期育成から後期育成までの様子が、この半世紀の間で大きく様変わりした。そして日本の競走馬の質的な向上をもたらした、つまり日本の馬が強くなった原因のひとつが、これである。

戦前から1960年代にかけて、騎乗馴致の場は主に競馬場だった。調教師は東京、中山、京都、阪神、中京の各競馬場に所属し、調教も競馬場で行っていたのだが、競馬場に入厩してくる馬の多くは騎乗馴致の経験を持っていなかった。

つまり、騎乗馴致は競馬場でやっていたのである。競馬場で最初に行うのは、鞍を置いて人が乗れるようにすることだった。戦前の競馬倶楽部、日本競馬会時代からの事情を知る高橋英夫元調教師によると、こうした騎乗馴致は競馬場内の角馬場でするのだが、その角馬場にすら入れない馬がいたらしい。

当時の日本で騎乗馴致、騎乗調教ができる施設や技術を持つ牧場はほとんどなく、それができたのは、小岩井農場と下総御料牧場くらいだった。

小岩井農場と下総御料牧場は、戦前戦中の日本競馬をリードした2大牧場である。小岩井農場は三菱財閥の岩崎家、下総御料牧場はいうまでもなく日本政府を後ろ盾にした大資本牧場であり、種牡馬や繁殖牝馬を輸入し、その子孫たちが繁栄することでも、日本の競馬界に計り知れない貢献をしている特別な牧場だ。

しかし、この2大牧場以外は規模も小さく、とくに当時の競走馬の主体だったアングロアラブの生産者は農家の副業的な色合いが強く、調教コースどころか放牧地も満足に取れないような牧場が多かった。そうした環境では調教馴致以前に基礎的な体力をつけることさえできず、どうにか人が乗れるようにはなっても、すぐに故障を起こす馬が続出した。結局一度もレースに出ることなく競馬場を去っていく馬、つまり実質的には競走馬になれなかった馬も珍しくなかったようなのだ。

サラブレッド生産の中心だった2大牧場はともかくとして、「馬を競走馬にする」こと自体、簡単なことではない時代だったのである。

太平洋戦争が終わると、小岩井農場と下総御料牧場は相次いで競走馬の生産から撤退する。日本の競馬界はその柱となる牧場を失うことになったのだが、国全体、そして競馬界の復興が進むと、新しい流れが生まれてくる。

60年代から始まった、オーナーブリーダーによる一貫育成である。シンボリ牧場、カントリー牧場、メジロ牧場、社台ファームなど、大手のオーナーブリーダー[*11]がそれぞれの方法で一貫育成を始め、実績を挙げていくことになった。

しかし、これら大手オーナーブリーダー以外の中小生産者の競馬場依存は変わらなかった。が、一方で競馬場側の事情には変化があった。競走馬の生産頭数が増え、競馬番組が充実したことによって、馬房数が不足するようになったのである。そうなると、騎乗馴致から競馬場で行うなどといった悠長なことは言っていられなくなる。すぐに調教を始められる馬でなければ、とても入厩させられないのだ。

競馬場での育成ができないとなれば、別の場所を見つけなければならない。そこで70年代に入ったころから、生産牧場の中で余力のある牧場が育成場を作って、育成を請け負うようになったのだ。

やがて生産を行わない育成専門の牧場も登場し、さらにＪＲＡの補助を受けた共同育成場なども作られた。そして軽種馬育成調教センター（ＢＴＣ）もできて、中小生産者が多かった北海道日高地方においても、育成環境は飛躍的に向上することになる。

こうした育成環境の整備によって、育成の競馬場（トレセン）依存は、80年代に入ったあたりでほぼ解消された。育成、とくに後期育成の担い手が、競馬場から生産者・育成者に変わったのだ。いわば「育成の独立」である。

さらに言えば、初期育成の前段階、馬たちが生産牧場で過ごす期間についても、ひとつの変化が起きている。その変化の原因になったのが、若駒の販売形態の多様化である。

かつての日本では、マーケットブリーダー[*11]の生産馬のほとんどが、庭先取引によって売買されていた。馬の購買者（馬主や調教師）が生産牧場を訪れて、その庭先で条件を交渉して購入するから庭先取引である。せり市場は日本軽種馬協会や各地の農協主催のものが何回か行われていたが、決して盛んというわけではなく、上場馬も安価な馬が多かった。はっきり言ってしまえば、せり市場とは庭先取引では売れなかった馬が出るもので、市場取引馬といえば安馬の代名詞だったのだ。

その状況を一変させたのが、１９９８年から始まった日本競走馬協会のセレクトセールだ。

それまでのせり市場では考えられなかった良血馬が多く上場され、そうした馬たちは次々と高額で落札された。

高額落札馬の多くは社台グループなど大手牧場の生産馬だったが、それでもそれまでまったく軽視されてきた市場取引という売買形態が、一躍脚光を浴びることになった。庭先取引につきまとっていた、約束どおりの金額を払ってもらえない、約束の期日までに引き取ってもらえない（余計な飼養コストがかかる）といったリスクが回避できる、いい馬であれば庭先よりも高額な価格がつくといった市場取引のメリットが、改めて見直されたのである。

しかし、多くの生産牧場が市場に馬を上場するには、問題もあった。

せり市では、馬体を美しく見せる正しい姿勢で立ったり（駐立）、指示によって1本の脚を挙げたり（挙肢）といった動作が必要になる。が、これらはもちろん教育をして馬に教え込むものだ。いわゆる「せり馴致」である。ところが、この教育ができる生産者が多くなかったのである。

そんな中で登場したのが、そうした騎乗調教以前の基本的な「躾」を請け負うコンサイナーと呼ばれる業者である。

実はそれ以前にも、日高にはせり馴致だけを請け負って牧場を渡り歩く「流しの馴致屋」とも呼べる人物は存在したのだという。だが、生産地におけるせり馴致への意識が高まったこともあって、日高におけるひとつの業種として成立するようになったわけだ。

コンサイナーの中にはせり馴致だけでなく、その後の育成（騎乗調教）まで行うものも少なくない。つまりコンサイナーとは、生産牧場ではカバーしきれない、中期育成から後期育成期における「プロの仕事」の部分を請け負うものと考えていいだろう。

これによって競走馬の育成段階における、

生産牧場

↓

コンサイナー

↓

育成牧場

↓

トレセン・競馬場

という、分業制とも言える体制ができあったのである。

＊11　オーナーブリーダーとは、生産馬を自らの所有馬として競走に使う生産者のこと。もうひとつのマーケットブリーダーは、生産馬を売却することで利益を得る生産者を指す。オーナーブリーダーは比較的規模の大きな生産牧場に多いが、その場合も生産馬のすべてをオーナーとして走らせるのではなく、一部の生産馬は売却するケースが大半である。また中小規模の生産牧場の多くはマーケットブリーダーだが、繁殖牝馬として牧場に置く予定の牝馬などを所有するケースは珍しくなく、この両者ははっきりとわかれているわけではない。

画一的な調教からの脱却

育成の変化に対応するように、レースに向けた「調教」にも変化が現れてきた。

それまでJRA所属馬は各競馬場に分散し、主に競馬場のダートコースを使用して調教されていたのだが、調教方法はひじょうに画一的なものだった。馬場に入り、ダクを踏む。体が温まったところでキャンターに移行して、最後にギャロップで追う。どの馬に対しても、同じパターンの調教を施していたのだという。

そこでJRAでは、調教機能を集約した新しい調教拠点（トレーニングセンター）を東西に作る。このトレセンに複数のコースを設置してバリエーションを持たせることで、調教の質的向上を期待したのだ。

が、１９６９年に栗東、１９７８年に美浦にトレセンが開設され、複数のコースができることで調教が変わったかと言えば、そんなことはなかったようである。長めを乗って、残り半周からスピードを上げて、直線だけ追う。そんな戦前から続くワンパターンの調教が、ここでも繰り返されていた。

高橋英夫氏は、調教が画一的だったのはコースが1本しかなかったからではなく、ほかにやり方があるとは誰も思っていなかった、ほかのやり方を考えようとした人間がいなかったからだ、と話してくれた。

が、そのヒントがなかったわけではない。トレセン以前の中山競馬場には競馬場から離れた場所に分場があり、新たに開業した若手の調教師はその白井分場に厩舎を与えられた。しかし白井のコースは1周が１４００メートルと短く、コーナーもきつかった。馬の負担を考えて自然とコーナーでは減速することになる。主流だった長めを乗り込む調教とは違う、短い距離の加減速を繰り返す調教にならざるを得なかった。

中山の本場や東京競馬場に比べて明らかに条件の悪い白井分場の若手調教師は、しかしいい成績を挙げていた。白井組は恵まれない環境が原因で、知らず知らずのうちにインターバルトレーニングに近いことを行っていた可能性がある。それが若手調教師たちの好成績につながっていたのかもしれないのだが、当時はそれを考える人がいなかったのだ。

しかしやがて、別の面から新しい調教スタイルを模索する動きが生まれてくる。

当時、関東と関西との東西格差が競馬界の課題のひとつになっていた。いまのファンには信じられないことかもしれないが、関西馬は関東馬に大きく水をあけられていた。東高西低だったのである。

関東馬の強さの秘密のひとつに「坂」の存在があるのではないかというのは、指摘されていたことではあった。関東の競馬場は、東京にしても中山にしても、最後の直線に坂がある。これを繰り返し駆け上がることで、馬が鍛えられているのではないか、というのだ。それが東西格差の原因になっているのではないか、と考えられたのである。

そこで1985年、東京や中山の坂に相当するものとして、栗東に坂路コースが整備された。[*12]

坂路コースの勾配には運動の負荷を高める効果がある。逆に言うと平坦コースより遅いスピードで走っても、同様の負荷がかかるということだ。このこと自体が馬の脚元への負担軽減になるのだが、さらに坂路コースには馬場素材にウッドチップが採用された。ウッドチップはダートに比べると格段に脚元への負担が少ない。つまり運動の強度は高めながら、故障の恐れは少ないという驚くべき調教コースだったのだ。

この坂路コースの効果は劇的だった。最初は関西の調教師でも坂路コースを使う人は少なかったのだが、まずその人たちの成績が上がった。それを見た栗東所属調教師が次々に追随して、あっという間に（本当にあっという間に）関西馬の成績が関東馬のそれを上回るようになったのである。

競馬の勢力地図が一気に書き換えられることになったのに、坂路調教自体の持つ効用が大きく寄与していることは疑いようがない。が、同時に、あるいはそれ以上に重要なのは、この坂路調教の成功によって、これまでの調教法だけが競走馬の調教ではないことを、競馬関係者が知ったということにある。やり方はひとつではない。いろいろな方法があるのだということが、ようやく理解されたのだ。

この坂路コースの成功を受けて、さまざまスタイルの調教施設、調教コースが作られるようになる。

馬の脚元に負担をかけず心肺機能の強化を図れるプールもそのひとつ。坂路コースで採用されたウッドチップがトラックにも採り入れられ、平坦コースにおいてもウッドチップのメリットを享受できるようになった。

また、ウッドチップよりもさらに脚元への負担が少ないとされ、馬場を整備する必要がなく調教が中断されないニューポリトラックのコースが、２００７年に美浦、２００９年に栗東に、相次いで開設された。

設備の充実は、調教方法の多様化ももたらした。長めを乗って最後だけ追うような画一的な調教はもはやどこにもない。調教師、育成牧場のそれぞれが工夫を凝らした、馬を強くするための調教が行われるようになったのである。

＊12　最初は全長３９４メートル（直線部分２８０メートル、勾配３・５パーセント）の短いものだったが、87年、90年、92年と順次コースが延長されて、最終的には全長１０８５メートル、高低差32メートルのコースとなった。

トレセンと育成牧場

育成・調教施設の充実にともなって起きたトレセンの変化で、ひじょうに重要なものがもうひとつある。調教法の進化や医学の進歩によって、故障する馬が減り、さらに従来ならば復帰が困難な疾病を発症した馬が再び競馬場に戻ってこられるようになったのである。

この喜ばしい現象は、稼働馬の増加をもたらし、さらに、それによる馬房数の不足を招くことになった。以前なら軽度の故障や単なる短期休養馬をトレセンの厩舎に置いておくことができたのだが、そんな余裕がなくなったのだ。出走予定のある馬を厩舎に入れるためには、そういった馬を外に出さなければならなくなったのである。

外に出す馬が短期休養馬であれば、その間もある程度の運動を続けなければならない。したがって、出す先といえば調教施設のある牧場ということになる。つまり育成牧場である。もちろん、その前から、現役競走馬がトレセンと育成牧場を行き来することは当たり前にあったことだ。ただ、その頻度がきわめて高くなったのである。とにかく、レースに出られる状態の馬はいるのに、その馬を入れる馬房がトレセンの厩舎にないという状態なのだ。

管理馬の体調とレースのスケジュールを見比べて、限られた馬房を有効に使うのは従来から調教師に求められていた能力だが、これが極限までシビアになったのである。1頭をレースに送り出したら、すぐに馬房を空けてレースが近い馬を入れる。入厩させる馬の状態は当然チェックしながらのことになるし、予定していたレースでの除外や厩務員の担当までを考慮すると、たいへんに複雑な作業になる。しかもトレセンに入厩するためには入厩検疫が必要で、この検疫がいつでもできるわけではない。1日に検査できる頭数が限られるために、希望どおりに検査を受けられるとは限らないのだ。恐ろしく面倒なことになっていて、調教師たちはこの作業に忙殺されている。

2016年に調教師を引退した橋口弘次郎氏が以前、

「調教師の仕事ってこんなのだったかなあ、と思うことはありますよ」

と苦笑いしながら話してくれたほどだ。

この事情は稼働馬だけに限らない。入厩予定の新馬も同様で、デビューぎりぎりまで入厩できないことも珍しくない。とくに新馬などは調教師としてはできるだけ早く手元に置きたいが、馬房の事情がそれを許してくれないのだ。

そこで欠かせないのが、育成牧場との連携である。常に情報を共有し、できるだけ牧場にも足を運んで、調教師自身の目で馬の様子をチェックする。馬を預けている期間が長くなるだけに、牧場の技術や環境に対する信頼が、なにより重要になる。

そしてそうした育成牧場は、調教師自身が馬の状態を確認できること、人や馬の移動による負担を考えると、トレセン付近にあることが望ましい。実際にトレセンの近くには、短期休養馬、調整馬のための牧場があり、各調教師はそれらの牧場を最大限に利用しながら、競馬を戦っている。いまや、育成牧場を含めた外部の牧場をいかに使うかが、調教師成績を左右する要素にまでなっているのである。

かつて、日本の競馬は生産牧場で生まれた馬を競馬場に運び込み、育成・調教はもっぱら調教師の手で行われていた。しかし、そんなのどかな時代はとうに終わり、いまは生産牧場、コンサイナー、育成牧場、トレセン厩舎スタッフ、トレセン周辺の牧場と、多くの人たちの手を経ることでようやくレースに出られることになる。育成とは、あらゆる場面で馬にかかわる多くの人と、彼らの持つ技術で成り立つ複合体なのである。

とくにトレセンへの入厩が競馬施行規程に定められた出走の10日前ぎりぎりになってくると、トレセンでできることはレースに向けた最終調整くらいになってしまう。それだけ競走馬としてのトレーニングに育成牧場が占めるウエイトが高まっていると言える。

そうした育成牧場を指して「外厩」と呼ぶ人もいるが、もちろん正しい意味での外厩ではない。外厩とはレースに出走する競走馬のための厩舎が競馬場（ＪＲＡの場合はトレセンを含む）の外にあることを指す。つまりレース当日の手続きを外部の厩舎から競馬場に直行してできるのが外厩制度なのだが、ＪＲＡはこれを認めていない。トレセンか競馬場の「内厩」に入ることを定めているのだ。

ＪＲＡが外厩を認めていないのは、公正確保のためである。馬がレース直前までＪＲＡの目が届かない場所にいて、例えば不正のために何らかの薬物が投与されるとか、感染症に罹《かか》ってしまうとかといった事態を避けるためだ。そのために最低10日間はＪＲＡの厳重な管理下に置くということである。

その理屈はわからないわけではないし、それはそれで正しいとも思うが、かといって現在のように一定期間内厩に隔離しなければ公正が確保できないとも思えない。むしろ現状は、別の意味で公正さが損なわれかねないものになってしまっている。

例えばレースに向けた調整がうまくいかなかった、あるいは何らかの故障を発生してしまったという理由でレースに出られないのであれば、それはしかたがない。流行の言葉で言うところの自己責任である。しかし、出走馬側が自らの責任は全うしたにもかかわらず、内厩の馬房が足りないとか検疫のスケジュールが合わないといった外的要因で、レースに出られない、あるいは調整スケジュールにくるいが生じてしまうのはどうなのか。

公正と言うなら「自己責任分」以外の条件は同一、平等であるべきで、現行規程による運営は、もはや限界にきているのではないかと思われるのだ。

第七章 馬の感覚と競走能力

「走る」ために能力を制限する

人間の手首から先が馬の前膝から蹄までと同じという第四章で述べた事実は、理屈ではわかってても感覚的にはどうしても納得できないものが残る。どうすればそんなことになるのだとも思うが、そこまでしないと馬という動物は生き延びることができなかったということになるのだろう。恐ろしい世界である。

走ることが馬が生き残るため、生き抜くための最大の武器だ、というのは本書の中で繰り返し述べてきた。そして、現代のサラブレッドにとって、彼らがこの世界で生き残る最大の（というよりほとんど唯一の）手段は、競走馬となって競馬で走ることだ。その意味では、彼らは彼らの武器を正しく使っていると言うべきだろう。

が、そのサラブレッドにとって天職とも言える競馬において、彼らにとってはひじょうに大切な能力が逆に邪魔になってしまっているという、困ったことが起きている。生きるために獲得した能力が、生きるのに不利な状況を作り出してしまっているのである。

その邪魔をしているものとは、馬が危険を危険と認識するために欠かせない「臆病さ」であり、また危険を察知するために発達させた「感覚器官」なのだ。

一緒に走っているほかの馬を怖がる、視界を掠《かす》める自分の影におびえる、危険な疑いのある何だかよくわからないものを観察する、突然の音に驚く。そうした行動が、彼の走る能力をレースで発揮する妨げになってしまうのである。

そこで人間が何をするかというと、その敏感な馬の感覚器官を制限してしまうのだ。感覚を遮断するのである。そのために使うのが、いわゆる矯正用馬具である。

「矯正」という言葉を使うのは、影におびえたり音に驚いたりすることが「悪いこと」とされている（いた）からで、あまりいい言葉ではないように思うのだが、ともかくその代表例がおなじみ遮眼革《しゃがんかく》（遮眼帯）、ブリンカーである。頭巾（メンコ）の目穴の部分に、合成ゴムやプラスチック製のカップを取り付けたものが一般的だ。このカップによって後方視界を遮り、余計なもの、主に後ろを走っている馬などが見えないようにするわけだ。

この後ろを走ってくる馬を見えないようにするのは、馬を怖がって逃げてしまうことがあるからだが、実は逆のこともあるのだという。ほかの馬と近づいていたい、くっついていたいという、群れを作る動物に見られる行動をレース中に見せる馬がいる。そうした馬にはカップの深い、真横すら見えないような遮眼革を装着することになる。

遮眼革を使う理由をそう説明されるとわかったような気分にもなるのだが、しかしもし自分に遮眼革を着けられたら、見えなくなった部分が気になってしかたがない気がする。見えない部分を確認するために顔を左右に振って落ち着かず、逆にレースどころではないと思うのだがどうだろうか。

しかし楠瀬良氏によれば、それは問題ないとのことなのだ。

「馬は見えないものは『存在しないもの』と見なします」

だから気にすることはない、というのである。

ここからは私の推測なのだが、おそらくこういうことではないか。

馬の視野はほぼ350度と言われ、自分の真後ろのわずかな部分を除いては、すべて見ることができる。つまり彼らには「自分の見えていない部分がある」という意識がない。（ほとんど）全部見えているのだから、見えているものだけを警戒していればいいわけだ。

しかし人間の視野は180度あるかないかくらいだから、私たちは自分の周囲の半分は見えていないことを知っている。そこに何らかの危険がある可能性があることを知っているわけだ。だから見えないところが気になる。そこが人と馬の違いなのだろう。

馬が「いま見えているものがすべて」と考えているとすると、もうひとつ納得のいくことがある。馬は突然視界に入ってくるものに対して、とても敏感に反応するが、これも「（いま見えている）すべてのものは安全だと判断していたのに、別のものが現れた」ことに対する驚きと考えられる。馬はすべてが見えていると思っているから、そこに別のものが現れることは想定していないのだ。想定していないことが起きた驚きなのだろう。

馬の真後ろを通るな、とは昔からよく言われる。蹴られるぞ、というわけである。しかしこれも人間が蹴ることのできる位置に来たから蹴ってやろうという攻撃的な気持ちからではなくて、真後ろを通ることでいったん視界から消えたものが、反対側から突然現れたことに驚いているのだ。とくに馬は視界の隅にあるものには敏感に反応すると言われるので（これもまた危険察知のための能力のひとつだろう）、なおさらのことだ。

もうひとつ、視覚を遮断する系の矯正馬具にシャドーロールがある。こちらは馬の鼻先に装着して、脚元の視覚を遮る。自分や他馬の影に驚いて跳んでしまう馬に、影を見せないようにするものだ。

こちらのシャドーロールについては、ほかの効用もあるとされる。頭の高い馬に装着すると、

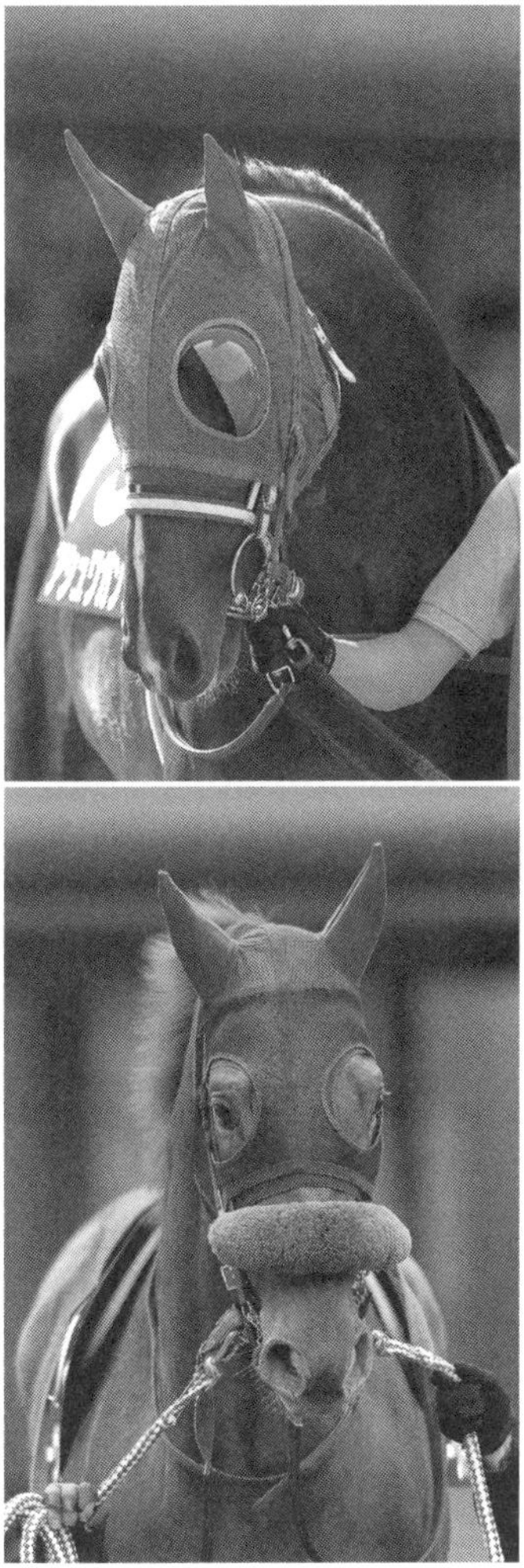

遮眼革（上）、シャドーロール（下）を装着した馬。両馬とも耳覆いを併用しているように、複数の馬具を使うこともある

脚元を見ようとして馬が頭を下げる。走行フォームの矯正になる、というのである。しかしこれについて楠瀬氏は、あまり効果はないのではないかと語っている。「馬は見えないものをないものと見なす」のであれば、わざわざ頭を下げて確認することもないだろう。これもあるいは、人間の感覚をそのまま馬に適用してしまう例なのかもしれない。

イギリスで起きた「超音波銃事件」

馬をレースに集中させるために遮断してしまう感覚は視覚だけではない。聴覚も同様で、これもよく見かける耳覆い付きのメンコが、そのための矯正馬具である。

馬の可聴域は人間のものより広く、人には聞こえない高周波の音も聞こえるようになっている。これは犬などもそうなので、もしかすると犬を飼っている人には心当たりがあるかもしれない。

住宅街の中をテープを流しながら移動してくる車がある。竿竹屋だったり焼き芋屋だったり廃品回収だったりするのだが、我が家の犬はそのうち特定の業者が流すテープにだけ反応する。そのテープが聞こえてくると遠吠えをするのである。もちろん人間には普通のテープにしか聞こえないのだが、その遠吠えのもの悲しい響きを聞いていると、彼にはいったいどんな音が聞こえているのだろうと、とても気になるのだ。

我が家の犬が競走馬だったら、あるいは我が家の犬と同じ反応をする馬がいるとして、彼がレースに出ているときにもしこのテープが聞こえてきたら、とても走るどころではなくなるだろうことは疑う余地がない。

ネタバレになってしまうので書きにくいのだが、ある高名なミステリ作家の傑作に、馬の聴覚をモチーフにしたものがある。そんなこともあって「馬は人には聞こえない音も聞くことができる」のは比較的よく知られていることでもある。

そこで1988年、イギリスのアスコット競馬場で起きたのが「超音波銃事件」である。本命馬を負けさせようとした男が、その本命馬に向かって手製の超音波銃から超音波を照射して、レースの妨害を企てたというものだ。

その超音波銃とは双眼鏡のレンズ部分にスピーカーを埋め込んだ斬新（！）な作りで、そこから超音波が間違いなく出ていることをどうやって確認したのかという謎は残るのだが、不審な動きを見咎《とが》められて、男は拘束された。レースの結果が男の望んだものになったのかどうかは定かではない。

この音に関してやっかいなのは、馬が嫌がる高周波音が出ているのかどうかが人間にはわからないことだ。そこで何だか馬に落ち着きがないときなど、試しに耳覆いを着けると落ち着くことがある。そこでおそらく馬が気になる高周波音が聞こえていたとわかるわけだ。耳覆いはビニール製だが、このビニールは高周波音をかなりカットできるとされている。ただし、音をカットすることが必ずしもいいとは限らない。人間の100メートル走で実験したところ、耳栓をして走るとタイムが落ちるという結果が出た。運動において三半規管は重要な役割を果たしていると考えられるのだ。したがって、耳覆いの装着は、馬が落ち着いて走れることのメリットと、三半規管の働きを制限することのデメリットを秤にかけて考えるべきだと言える。

ちなみに馬の聴覚だが、これも人間にはない能力を備えている。馬は反響定位ができるのだ。反響定位とは自分が出した音の反射で、位置を特定したり周囲の状況を知ることである。これをやる動物で有名なのがコウモリだ。コウモリは飛びながら反響定位で障害物を避けたり、餌の位置を知ったりしている。またイルカなども同じ能力を持っていることが知られている。馬の場合はまったく同じではないものの、同じようなことができるのである。

この反響定位のために、コウモリやイルカは超音波を使う。波長の短い音の方が情報量が多いからだ。しかし馬の場合は蹄の音や鼻を鳴らす音で定位するので、コウモリやイルカほど細かい定位ができるわけではないようだ。

いずれにしても「より速く走る」ために、馬が持っているきわめて優れた感覚を制限しなければならないというのは、皮肉な話ではある。

牡馬と牝馬の能力差

競馬とほかの競技の違いを考えたときに、避けて通れないのが性差の問題である。牝馬限定のレースはあるものの、基本的に競馬は男女混合の競走である。これはちょっとほかに例を見ない形態だ。

私たちは男女間に体格差、体力差が存在することを、ごく自然なことと理解している。オスの方がメスより大きくて体力もある、という認識だ。しかしそれは当たり前のことではない。哺乳類ではオスの方がメスより体格が大きいのが普通だが、昆虫などではメスの方が大きいものも少なくない。卵を産むという最大の仕事があり、そのためには体が大きい必要があるからだ。

一方で哺乳類では、メスは妊娠・子育て中は子どもから目が離せず、その期間はオスに庇護してもらわなければならない。となると自然とメスは強いオス、体の大きなオスを好むことになる。体の大きな個体が残っていくことになるわけだ。とくに一夫多妻制の、ハレムを形成するような動物では、メスを巡る争いに勝ったオスが子孫を残すので、オスの体はより大きくなる。例えば同じアザラシ科の動物であっても、ゴマフアザラシは一夫一婦制で雌雄の体格差はほとんどないが、ハレムを作るゾウアザラシのオスはメスの4倍ほどの大きさになるのだそうだ。

ではハレム型の動物である馬はどうか。

ところが馬ではほかのハレムを作る動物と比べると、雌雄の体格差は大きくない。そして走る能力に関しても、その差はさほど大きくないのである。

その理由は、馬という動物が被食動物だというところにある。馬が走るのは自分を襲おうとする肉食動物から逃げるときだとは、本書では繰り返して述べているが、走る能力、言い換えると逃げる能力がオスに比べてメスが著しく劣るとすると、メスばかりが食べられてしまうことになる。それでは子どもを産める馬がいなくなってしまうので、種の存続という意味でひじょうに芳しくない状況であると言わざるを得ない。

だから、そういうことにはなっていないのである。雌雄の走能力が極端に違わないからこそ、馬という動物が現在まで生き残っているのだとも言えるだろう。

実際に牡牝混合の競走において牝馬に与えられる負担重量の軽減措置、つまりセックスアローワンスは2キログラムだが、これは決して大きいものではない。体重比で考えると馬の体重の0・5パーセントほど、人間に置き換えると200~300グラムといったところだ。

男馬と女馬に体格や体力の差があるのは間違いないところだが、それは個体差でひっくり返る程度のものと言えるだろう。

もうひとつ、性差が競走に影響を与えると考えられるのは、牝馬は牡馬よりもさらに恐怖を感じやすいことだ。見知らぬ人、初めての場所に対して、不安や恐怖を感じやすい。

競走馬がトレセンに入厩するときには入厩検疫を受けることになるが、初めて入厩する新馬の中には暴れて人を手こずらせるものがいる。そうした馬には牝馬が多いのだという。初めて連れてこられた場所で、知らない人に取り囲まれて、強い不安と恐怖を感じているのだと考えられるのだ。

これが競馬場になればなおのことだ。競馬場という空間やレースの雰囲気は、それまで馬たちが過ごしてきた環境とはまったく異質なので、牡馬といえどもさすがに影響は出るが、牝馬にはさらに顕著に表れる。新馬戦での牝馬はとくに落ち着かない傾向があるのは、そのためだと考えられるのだ。

牝馬は難しい、とはよく言われる。新馬戦に限らず、レースキャリアを積んでも、思いもかけない反応をすることがある。牡牝混合レースでもとくに雰囲気が異様になる大レースで牝馬が勝つことが少ないのは、競走能力の差というより、あるいはこちらの影響の方が大きいのかもしれない。

発情と競走

牝馬の話になると、避けて通れない問題がある。

春のクラシックシーズンは、そのタイトルの行方とは別に、厩舎関係者を悩ませる季節である。ちょうどこの時期、2月から6月ごろまでが馬の繁殖期に重なるからだ。

繁殖期の間、牝馬はおよそ3週間の周期で発情と排卵を繰り返す。やっかいなのは俗に「フケ」と呼ばれる発情期で、このときの牝馬は牡馬を待つ体になってしまう。もっと具体的にいうと、動かない体、刺激に対して鈍感な体になってしまうのだそうだ。

この動かなくなる理由ははっきりしていて、牡馬が動かないものに興奮するからなのだという。したがって牝馬が牡馬に気に入られようとすれば、できるだけ動かない、じっとしていることになる。

牡馬が動かないものに興奮するというのもかなり不思議な話だ。二次元オタクか、とツッコミたくなるが、実際に二次元でもいいらしい。板で作った馬のシルエットを見せても、そのシルエットから離れなくなるのだという。

牡馬が牝馬の気を惹こうと近づいていくのは、危険なことでもある。受け入れる気がない牝馬に蹴られたりするかもしれないからだ。しかし、まったく動かない牝馬がいれば、その馬に蹴られる心配はないので安心して近づくことができる。だから動かない牝馬に興奮する、ということなのだろうか。

しかし牝馬が動かないのはその方が牡馬の気を惹けるからなので、完全にタマゴが先かニワトリが先かという話になってしまうのだが、そのあたりはまあ、うまくできているということだろう。

牝馬が動かないのは牡馬を受け入れる準備ができた2日間くらいなのだが、その2日間は本当に動かない。「動く」ことに消極的なのではなく、積極的に「動かない」ので、とてもレースどころではない。この2日間に関しては、騎手が鞭を入れても、鞭が入ったこと自体を感じないかもしれないというくらいに、鈍感になっているのだという。

そんな状態になってしまうのはたった2日間ではあるのだが、その2日間がばかにできないのだ。それがレース当日に当たってしまったらどうにもならないし、当日でなくとも調整には確実にくるいが出る。飼食いが細くなれば、体調管理も難しくなる。

加えて発情周期が3週間というのがまた絶妙で、目標レースに向かうステップのどこかで影響が出そうなサイクルなのだ。

牝馬は夏場に強いとよく言われるが、繁殖期が終わり、発情がこなくなったことでコンディションが整えやすくなることも影響するのではないかと言う人もいるくらいで、それほど牝馬の発情が競走に与える影響は大きいと言える。

一方で牡馬の発情（?）の方は、ほとんど気にする必要はない。パドックを周回中、前を歩く牝馬が気になって馬っ気を出している牡馬を見て「これでまともに走れるのか」と思うが、馬場に出て気になる牝馬と距離を取り、落ち着いてしまえば、何事もなかったかのようにレースに臨むことができる。

馬の知能はどのくらいか

動物心理学の世界に「クレバー・ハンス現象」というものがある。動物がどのくらいの知能を持っているのか、動物とのコミュニケーションを図ろうと、多くの研究者が試みたことを指して、そう呼んでいる。

この現象の元となったクレバー・ハンス（賢いハンス）とは、20世紀はじめに話題になった1頭の馬である。かなり有名な話でご存じの方も多いと思われるのでごく簡単に説明しておくと、ハンスは時計を見て時間を答え、小数を分数に、また逆に分数を小数に変換し、簡単な四則演算をこなし、アルファベットを区別して文章まで綴れるという、実に驚くべき能力を発揮した馬であった。

彼は与えられた問題に対して前脚で床を叩くことで解答を示していた（そして次々に正解し

ていた）のだが、本当に彼は人間の言葉の意味を理解し、計算を行っていたのだろうか。

そうではない、ということが、残念ながらやがて明らかになった。

たとえば4＋6という問題をハンスに与えると、ハンスは脚で床を叩き始める。5回、6回、7回……と正解に近づくにつれ、見ている人間の緊張感は高まっていく。ハンスが9回を打ったところで観衆の緊張は頂点に達し、10回目を打つとフッと緊張が緩む。この変化を見てとると、そこでハンスは床を打つことを止めていたのだ。

たとえ計算ができていたわけではないにしろ、人間のわずかな緊張の緩みを察するなど、それはそれでたいへんな能力であるというべきだろうし、なにより人前でそうした芸当をしてみせただけでも、ハンスという馬がかなり賢い馬であったことは間違いないが、とにかくこのハンスがきっかけになって、馬以外の動物に対しても人間とのコミュニケーションを図る実験が行われるようになった。それがクレバー・ハンス現象である。

クレバー・ハンスはともかくとして、実際馬という動物は、どの程度の知能を持っているのだろうか。

もっとも単純な比較は脳の重さだ。が、体の大きさが違う動物を単純に脳の大きさで比較するのは意味がないので、体重あたりの脳重量に換算するのだが、それによると人の脳は体重の約2パーセントになる。猫が1パーセント、犬が0・5パーセント、われらが馬は0・1パーセント。牛や豚ではさらに比率が下がって0・05パーセントほどで、馬の脳は家畜のなかではとりたてて大きくも小さくもないといったところだ。

もっとも脳の体重比がそのまま動物の知能を反映するわけではない。たとえばトガリネズミという食虫類の一種は人間よりも大きな体重比をもっているし、そもそも動物はそれぞれ違った脳を持っているから、単純な比較ができるものではない。

そこを補正するために脳化指数という「その体重に見合った脳の大きさに比べてどのくらい大きい脳を持っているかを示す」指標も考えられたが、それにしても知能を判断することまではできない。

人間の脳について言えば、大脳の表面を薄く覆った大脳新皮質がほかの動物に比べて並外れて発達している。この大脳新皮質が、思考したり創造したりという人間を人間たらしめている部分であるとされている。

馬の場合はもちろん大脳新皮質が人間ほどには発達していないから、馬の行動も本能的なものであることが多い。もっとも、馬と日常的に接している人は、馬にも確かに意思はあると言う。もちろんそうだろうが、人間ほど明確で複雑な意思を持つことはない。しかしそのことで馬自身が困っているということはなく、馬の生活に充分なだけの知能は持っているわけだ。

そもそも動物によって、重要な知能、求められる知能は違う。動物は進化の過程で彼らが生き延びるために必要な知能を獲得し、それを伸ばしてきているのだが、それがどんな種類の能力であるかは、動物によって異なる。

第二章で触れた犬の能力もそうだ。犬の祖先であるオオカミは群れで狩りを行うが、彼らにとっては獲物がどこにいるか、見つけた獲物がどう動くかを予測する能力が重要になる。だから当然、それに関係する知能が発達することになる。現在の犬にも、それはかなりの程度引き継がれ、猟犬や牧羊犬として活躍できるのだ。

一方で馬の場合は食べ物はそこらへんに生えている草でいいわけなので、食べ物のありかを予測する知能はさほど重要ではない。また被食者の立場だから自分たち以外の動物がどう動くかを予測する能力も不要だ。むしろ彼らに求められた能力は、肉食動物から逃れるために、肉食動物がいそうな危険な場所や状況を覚える、記憶する能力なのである。

では実際に馬の知能はどのようなものなのだろうか。

厩舎関係者の話としてよく聞くことに、馬が自分を担当している厩務員の足音やバイクのエンジン音を聞き分けるというものがある。音だけで自分の担当者がきたことを察して、喜んで前がきしながら待っているというのである。

あるいはまた、競馬場に移動する馬運車も、厩舎によって車が決まっていることがあり、自分の厩舎の車のエンジン音が分かるという話もある。こうした例からよく分かるように、音に

図7–1　馬の学習実験に用いられた図形の組み合わせ

（Dixon J: *Thoroughbred Record*, 192, 1654, 1970）

よる条件づけでの記憶力、学習能力は優れている。

聴覚だけでなく視覚による条件づけ、つまり図形を見分ける力も高い。アメリカの研究者が行った実験に、2枚1組の模様を示し、どちらか一方に反応したらエサを与えることにして、図形の識別能力を調べたものがある。馬はこれらの模様の違いを、何回かの練習のあとに、すべて見分けることができた。

生活パターンもよく学習する。ふだん馬に飼葉を与える時間はほぼ一定だが、時間の30分くらい前になるといななきの回数が増える。これは馬が時間の予測をしているからにほかならない。

ただ、気をつけなければならないことがある。厩舎関係者や牧場関係者から、「あの馬は賢い馬で、人のいうことをよくきく、手のかからない馬だった」という言葉がしばしば語られる。しかし、手のかからない、トレーニングのしやすい馬と頭のいい馬とは、必ずしもイコールではない。

馬と人間とを一緒にしてはいけないのかもしれないが、大人のいうことをよくきく子どもが頭がいいというわけではないし、上司の命令によく従うサラリーマンが優秀というわけでもない。人間にとって都合のいい馬だけが賢いわけではない。頭のよさとトレーニングのしやすさは別ものだと考えた方がいいだろう。

馬はゴール板を知っているか

さて、レースを走っている馬たちは、その目指しているところ、ゴール板を知っているのだろうか。

おそらく競馬ファンがもっとも知りたいことのひとつであろうこの疑問は、「ゴール板」の意味をどう定義するかで答えが変わってくるように思う。

デズモンド・モリスは『競馬の動物学』（平凡社刊）の中で、「ウマは自分がレースに勝ったことを知っているか」という疑問に対する答えは「ノー」でなければならない、と言っている。

一方、月刊『優駿』誌上の楠瀬良氏との対談で「馬はゴール板をわかっているか」と聞かれた武豊騎手は「わかっている」と答え、当時騎手だった岡部幸雄氏は「わかっていない」と答えている。ふたりの名手の見解がはっきり分かれたのはとても興味深いことだが、それぞれに納得のいく答えであった。

武騎手は、半分くらいの馬はわかっているのではないか、と言う。コースを2周するレースで、1周目のゴール板を通過すると走るのをやめようとする馬もいるから、ゴール板のことはわかっているだろう、というのだ。

それに対して岡部氏は、馬がゴール板を過ぎて走るのをやめるのは、あくまで騎手の指示だと言い、それがよくわかるものとしてコタシャーンの例を挙げた。

1993年のジャパンカップで1番人気に推されていたコタシャーンは、後方待機から直線いい脚を使って追い込んできた。そのまま突き抜けるかという勢いだったが、鞍上のケント・デザーモ騎手がゴール手前にあったハロン棒をゴール板と誤認して追うのを止めてしまい、2着に敗れてしまう。

もっともコタシャーンは外国馬で、日本ではこのジャパンカップが初めてのレースだったからゴール板がわからなかったのだと言えないこともない。が、ふだん日本で競馬をしている馬に同じような例がないわけではない（こんなときはゴール前の御法が好ましくないとして、騎手が制裁を受けることになる。コタシャーンのデザーモ騎手も制裁を受けた）。少なくとも騎手が追わなくなったら走るのを止めるのは間違いないところだ。

ただ、何度かレースを繰り返すうちに「このあたり（ゴール板付近）まで走ったら、もう走らなくてよくなった」ことを学習する馬はいそうである。前のレースではこのあたりで騎手が追うのを止めた。止まっていいと言った、と憶えているわけである。武騎手が「半分くらいの馬は（ゴール板を）わかっている」と言ったのは、こうした馬のことだろう。ただし馬が憶えていたのは「ゴール板」ではなく、岡部氏の言うとおり「騎手の指示」だったと考えるべきだろう。あくまで「もう走らなくていい」という指示が出た場所なのだ。

馬はゴール板を知っているか。

「ゴール板」が「ここまで来たらもう走らなくていい場所」という意味であれば、知っている馬もいる。「レースの終着点であって、そこに到達した順番で順位を決めるライン」を指すのなら、おそらく知らない。馬は騎手の指示どおりに走っているだけで、そこにどんな意味があるのかは教えられていないからだ。そして「自分がそこに最初に到達したときに『レースに勝った』と認識するか」ということであれば、認識しない。

というのが、この問題についての私の見解である。

馬にとってレースの報酬とは何か

しかし、騎手が「もう走らなくていいぞ」と言った場所を馬が憶えているとすれば、馬は本当は走りたくないと思っているのかという、本書の冒頭に挙げた疑問に立ち返ってしまう。

何度もご登場願って恐縮だが、楠瀬良氏は、馬たちはできれば競馬をやりたくないと考えている、と指摘する。競馬は馬たちにとって、とても大きなストレスになるというのだ。

馬にとって全力で走るというシチュエーションが望ましいものではないことも繰り返し書いてきたが、そこまで話を大きくしなくても、単純に「走れば疲れる」のである。疲れることはできればしたくない。これは当然すぎるほど当然のことなのだ。

発走前、ゲート内で立ち上がってしまう馬がいる。そして、そういった馬は、それ以後も同じことを繰り返すようになる。ゲート内で立ち上がったり暴れたりすると、正常なスタートができないものとして競走除外になるが、そのことで走らなくてすんだ、苦しい思いをしなくてすんだと、馬が学習するからなのである。つまり走らなくてすんだことが、彼にとっては報酬になるのだ。

競走馬としてキャリアを重ねると、馬がなかなか動かなくなる、いわゆる「ズブくなる」のも、実は同じ理屈だ。何度かレースを経験すると、走らなくてもとくに困ったことは起きないとわかってしまう。走らないと肉食動物に襲われて殺されてしまうわけではないし、その日の食事を抜かれたり、叩かれたりするわけでもない。なんだ、大丈夫じゃないか、というわけだ。

それはまったくそのとおりで、それに気がついた馬は賢いと言うべきである。しかし大多数の馬は、苦しいにもかかわらず一所懸命に走ってくれる。それはどうしてだろうか。

最後まで頑張って走れば、騎手は「お疲れさま」という感じで首筋を軽く叩いて労《ねぎら》ってくれる。厩務員も「よしよし、無事に帰ってきたな」と優しく迎えてくれる。ときには満面の笑みで「よくやったぞ」と頭や体をなで回してくれることもある（レースに勝ったときだ）。それが馬にとっての報酬にはならないのだろうか。

ところが残念ながら、その可能性は高くないようなのだ。

馬が厩務員のバイク音を聞き分けるのは、バイク音が聞こえてしばらくすると食事ができるからだ。条件反射に近い反応で、とくに厩務員に会えるのが嬉しいからというわけではないらしい。もし厩務員に会えることが嬉しいのであれば、朝夕の食事前だけでなく、日中ちょっと厩務員が所用で馬房を離れたときでも、厩務員が戻るときに前がきをして喜ぶ動作が見られなければならない。が、そういう話は聞かないのだ。

全体に、特定の人間のことを記憶することは、馬にとってさほどプライオリティが高くないようなのだ。競走生活を終えた牝馬が自分の生まれた牧場に帰っても、帰ってきた馬が自分のことを覚えていてくれたと感じる牧場関係者はまずいないという。残念なことに牧場でずっと世話をしていた人間を、どうも馬は忘れてしまうようなのだ。

と言うと、馬は人間のことをまったく認識していないように思われるかもしれないが、実際はそれほど悲観的になる必要もない。馬は人を識別していることはしているのである。

楠瀬氏は、天井から風船が吊り下がっているような、ちょっと気味の悪い場所に馬を連れていく実験をしたことがあるそうだ。そのとき、いつも一緒にいる人と行く馬のグループと、まったくなじみのない人と行くグループに分け、この両者を比較したのだという。

知らない場所、しかもちょっと気味の悪い場所に連れてこられたことで馬は緊張し、心拍数は上がる。実際にどちらのグループにおいても、心拍数は増加した。が、その増加の程度に、明らかな差が見られたのである。いつも一緒にいる人と行ったグループの心拍数の上がり方がそうでないグループより少なかった。

馬はいつも一緒にいる人と、そうでない人は区別している。そして、いつも一緒にいる人といるときの方が、不安は和らぐようなのだ。

しかしだからと言って、人が喜ぶことが馬にとって報酬になるのかどうか。

ただまあ、これについては誤解させてもらって構わないのではないか、と思うのだ。よしよし、よく走ったな、と人間に言われることが、馬にとっては報酬になる。その報酬を得るために、辛い思いをしながらも、馬は走ってくれている。

本当はまったくそうではないのかもしれないが、私たち人間が勝手にそう思い込むくらいの勘違いは、馬たちも許してくれるのではないかと思うのである。

おわりに　馬にとっての幸福とは

本書は、馬は競馬のように全力で走ることが好きではない、という考えをベースにしている。この考え方は競馬ファンにとって、あまり嬉しいものではないだろう。

私たちは、サラブレッドを無理矢理走らせているのではないかという自責の気持ちを、どこかに、しかし確実に持っている。ただ、そうした罪悪感と常に向き合っているのはなかなか辛いことで、何もないときには（例えば目の前で馬が故障してしまった、安楽死の処分がなされた、などということがなければ）できれば忘れていたいのだ。そして、それを忘れているためには「サラブレッドは闘争心に溢れ、レースで勝つことに喜びを感じる」ことにしておいた方が、何かと都合がいいのである。

私はそのことを非難しているわけではない。私にそんな権利はないし、そもそも私が「競馬がなければサラブレッドに生きる場所はない」などと言うのも、同じように競馬を正当化しているに過ぎないのだ。

ではなぜあえて「馬は走ることが好きではない」などと言うのか。

それは、そう考えた方が見方の幅が広がるからである。いや、もちろん私は本当に「馬は走ることが好きではない」と思っているけれど、その方が競馬が面白いし、とてもナチュラルな気持ちで競馬を見ることができるのだ。ナチュラルな気持ちと表現するとわかりにくいかもしれないのだが、謙虚な気持ちと言い換えてもかなり近いと思う。

本書を書いた目的も、「こういう見方もあって、しかもなかなか面白いですよ」ということを紹介しようというもので、別に「馬は走るのが好きではないのに走らせているのは動物の福祉に反する」と主張しているわけではない（さすがにそういう受け取り方をする人はいないだろうが）。

だからあまり馬にとっての幸せとか、知ったふうなことは言いたくないのだけれど、しばらく前にちょっと考えさせられる出来事があった。

ある取材で獣医さんと話をする機会があり、その中で、競走馬で体のどこにも問題がない馬はいない、という話になった。

人間のトップアスリートで、体のどこも痛くないという人は、まずいないだろう。彼らはほぼ例外なく、体のどこかしらに問題を抱え、問題を抱えながら戦っている。それは彼らがそれだけぎりぎりのところで勝負をしている、厳しい世界で生きていることの証拠だ。

そして、それは競走馬もまったく変わらない。どの馬も筋肉痛だとか、脚が痛いとか、どこかに不具合を抱えている、という話であった。

まったくそのとおりで、競馬場で行われているレースとはどんなものかがよくわかる、いい話でもある。

ところが後日、その方から連絡があって、その部分は記事にしないでもらいたい、というのである。もともとその取材の趣旨からはちょっと離れた話であって、もったいないけれど割愛しようと考えていたので、ご心配なくと答えたのだが、その方がわざわざそんなことを言ってこなければならないことに、嫌な感じがするのである。

その獣医さんは、自分の発言が「競馬は動物の福祉に反している」と受け取られるのを恐れたようだ。おそらく、そういうことを言いたくてしかたがない人たちが、どこかにいるのだろう。

動物福祉（Animal Welfare）は動物が幸せに生きるために、動物が感じる苦痛を可能な限り回避または除去するという考え方で、これは絶対に必要なことである。が、競走馬が厳しいレースや調教のために体のどこかに問題を抱えているというのは、動物の福祉に反するのだろうか。

飼育環境が劣悪であるとか、虐待に類する扱いがあるとかいう問題ではない。いや、競馬の世界にそういう問題がないとは言わない。いまはさすがにないと思うのだが、一昔前はトレセンなどでもちょっと考えられない光景を見ることができた。調教中、咥え煙草で馬に乗り、馬が暴れると（煙草の灰や火種が首筋に落ちてくれば、当然馬は暴れるだろう）、その頭を叩くような乗り役がいたのである。こうした行為は問答無用で排除しなければならない。が、先に挙げた話は、これとはまったく別のことだ。

サラブレッドは、競馬という産業がなければ、そもそも存在すること自体ができない。すでに書いたようにこれは私の自己弁護でもあるけれど、一方では紛れもない事実であり、また彼らは「そういう動物」なのである。サラブレッドが種として存在し続けるためには競馬が必要なのだ。

その中で、個体として生き延び、自分の遺伝子を伝えるためには、競馬で少しでもよい成績を挙げなければならない。そのために、彼らは満身創痍になっているのだ。

それがかわいそうだからと言ってトレーニングを軽くし、レースを緩いものにしたらどうなるか。競馬はスポーツとしての魅力を失い、やがて衰退していくことになるだろう。そうなれば、最終的にサラブレッドは生まれてくる機会すら失うことになる。

もちろん激しいレースや調教によって起きるかもしれない故障の予防や治療に最大の努力を払うのは当然で、そうした努力のことを動物の福祉と呼ぶのだろうと思うのだ。レースの魅力そのものを削ぐようなことをして、サラブレッドの生きる場所を奪ってしまっては、本末転倒と言うべきだろう。

そもそも、の話なのだが、サラブレッドが生まれてくる意味とか競馬の存続とかといった大層な問題ではなく、もっと単純な話として、サラブレッドは不幸なのだろうか。レースで走ることはあまり好きではないのだろうし、彼らが置かれている状況は厳しいものではあるけれど、だからと言って彼らが不幸だとも思えないのだ。

彼らは人間から走ることを求められている。ここでまた大げさな言い方をするなら、存在を求められているわけだ。そして、彼らには走る場所があって、彼らが走ると喜ぶ人がいる。それは悪いことではないし、むしろ幸せなことと言ってもいいのではないかと思うのだ。実は私たち人間が求めている幸せというのも、案外そういうことなのではないかと思ったりするのである。

ただ一方で、競馬は決して綺麗ごとではない。競馬が文化であったりロマンであったりするのはそのとおりだと思うが、私たちの目の前で死んでいく馬もいる。競馬とは、サラブレッドの命のやりとりであるのも確かなのだ。

サラブレッドが命のやりとりをしているのであれば、せめて少しでも、彼らの本当の姿を知っておきたいと、私は思っている。

この本に書いてあることは、私がこれまで会った多くの方々から聞いた話がベースになっている。とくに現在は日本装削蹄協会の常務理事をされている楠瀬良さんには、多くの知識と考え方のヒントをいただいた。ＪＲＡ競走馬総合研究所の皆さんをはじめ、これまで私が話を伺ったすべての方々に、この場を借りてお礼を申し上げたい。

また、本書の記述の中に科学的な正確さを欠くものがあったとしたら、その責はすべて私にあることをお断りしておく。

二〇一六年八月

辻谷秋人

本文写真：山本輝一
イラスト：伏見まり
本文組版：佐藤裕久

辻谷秋人　つじや・あきひと
1961年、群馬県草津町生まれ。コンピュータ系出版社を経て、㈱中央競馬ピーアール・センターに入社。月刊誌『優駿』の編集に携わる。その後、フリーとなり、競馬雑誌をはじめスポーツ、コンピュータ、ビジネスなどの分野で活動する。著書に『そしてフジノオーは「世界」を飛んだ』、『犬と人はなぜ惹かれあうか』、『サッカーがやってきた　～ザスパ草津という実験』、『ズーパー　～友近聡朗の百年構想』、共著に『競馬人』がある。

馬はなぜ走るのか
やさしいサラブレッド学

2016年9月10日　第1刷発行
2022年7月 2 日　第2刷発行

著者　辻谷秋人

発行者　林 良二
発行所　株式会社 三賢社
〒113-0021　東京都文京区本駒込4-27-2
電話　03-3824-6422
FAX　03-3824-6410
URL　http://www.sankenbook.co.jp

印刷・製本　中央精版印刷株式会社

Printed in Japan
ISBN978-4-908655-02-9 C0075